Franzius

JAMIE NOTTER / MADDIE GRANT

# ;) WENN MILLENNIALS ÜBERNEHMEN

BEREITEN SIE SICH AUF DIE AMÜSANT EINFACHE GESCHÄFTSWELT DER ZUKUNFT VOR

Ratgeber

Ein Buch aus dem FRANZIUS VERLAG

Cover: Simone C. Franzius
Übersetzung aus dem Englischen: Franzius Verlag GmbH
Korrektorat: Sigrid Wohlgemuth
Verantwortlich für den Inhalt des Textes
sind die Autoren Jamie Notter und Maddie Grant
Satz, Herstellung und Verlag: Franzius Verlag GmbH
Druck und Bindung: BoD, Norderstedt

ISBN 978-3-96050-208-1 (Hardcover)

Originaltitel:
»When Millennials take over – Preparing for the ridiculously optimistic future business«
Original ISBN: 978-1-940858-12-8 (Buch) ISBN: 978-1-940858-13-5 (eBook)



www.franzius-verlag.de

Published by special arrangement with Ideapress Publishing in conjunction with their duly appointed agent 2 Seas Literary Agency

Die Deutsche Nationalbibliothek verzeichnet diese Publikation in der Deutschen Nationalbibliografie; detaillierte bibliografische Daten sind im Internet über http://dnb.dnb.de abrufbar.

# INHALT

# Widmung

An die Fogdirockstars und die Boondogglers
(Sie wissen, wer gemeint ist).
Vielen Dank, dass Sie uns beigebracht haben,
was Community wirklich bedeutet.

Und zu Bo, Jackson, Sophie, Leah und Taylor
– die diese Zukunft der Geschäftswelt erben werden,
also machen wir es gut.

*Ich bin fest davon überzeugt, dass Fortschritt das Bewusstsein verändert, und wenn er das Bewusstsein der Menschen verändern, ändert sich auch Ihr Bewusstsein für das, was möglich ist – ein Erfolgszyklus. Es ist also wichtig, dass sich die Nachricht verbreitet und die Leute erkennen, was funktioniert. Dort, wo kreative Zusammenarbeit gepaart mit einer gemeinschaftlichen Sicht auf unsere Zukunft stattgefunden hat, sehen wir echten Erfolg.*

Bill Clinton, »Das Argument für Optimismus«, TIME Magazine

;-)

# 1. Bist du bereit?

Was wäre, wenn Sie für die Einstellung einer neuen Position in Ihrer Organisation verantwortlich wären und einer Ihrer jungen Kandidaten für dieses Interview mit der Mutter im Schlepptau ankäme? Ernsthaft! Zu einem Vorstellungsgespräch kam ein Bewerber (m/w/d) in Begleitung der eigenen Mutter. Wie würden Sie darauf reagieren? Dies geschah tatsächlich einem Personalberater, der eine Stelle im Finanzwesen zu besetzen hatte. »Ich war schockiert«, sagte er. »Wie kann man nicht wissen, dass dies unangemessen ist?«[1]

Aber wie unangemessen ist dieses Verhalten heutzutage? Laut einer Umfrage von 2012 unter mehr als fünfhundert Hochschulabsolventen brachten acht Prozent von ihnen einen Elternteil zu einem Vorstellungsgespräch mit. Tatsächlich veranstaltete Google kürzlich einen Tag, an dem die Eltern zur Arbeit mitgebracht werden konnten, und fast zweitausend Eltern nahmen daran teil. LinkedIn (eine Social Media Plattform, die Geschäftsleute verbindet), organisierte eine ähnliche Veranstaltung.

Was ist so falsch daran, Eltern in das Netzwerk relevanter arbeitsbezogener Kontakte in der Geschäftswelt mit aufzunehmen? Also, was ist das: eine unangemessene Art eines unerfahrenen Jugendlichen (m/w/d) oder der Vorbote der neuen Ordnung in der Geschäftswelt?

Wir können davon ausgehen, dass die Mehrheit der Menschen, die dieses Buch lesen, diese Geschichte als Beispiel für unsere unerfahrene und

---

[1] Abby Ellin, »The Beat (Up) Generation«, Psychology Today, 11. März 2014 http://www.psychologytoday.com/articles/201402/the-beat-generation (abgerufen am 24. Dezember 2014).

vielleicht sogar fehlgeleitete Jugend bezeichnen wird. Tatsächlich meinen viele von Ihnen vielleicht, dass dies ein weiterer Beweis dafür ist, dass diese neue »Millennial«-Generation (auch als Generation Y bekannt) ein echtes Problem darstellt. Nicht nur wurden die Kinder dieser Generation so dermaßen verhätschelt, dass sie bei einem Vorstellungsgespräch ihre Eltern brauchen, sie erweisen sich als fordernd, erwarten kontinuierlich positives Feedback, sofortige Aktionen, und missachten Autoritäten.

Aber bevor Sie aufstehen und rufen: »Die verstehen es nicht!«, möchten wir Sie an eine relevante Tatsache erinnern:

**Ungefähr alle zwanzig Jahre tritt eine neue Generation in den Arbeitsmarkt ein, und der Rest von uns flippt, ehrlich gesagt, darüber aus.**

Das ist nicht neu. Heute ist es die »Millennial«-Generation (geboren zwischen 1982 und 2004), die die Älteren mit ihren hohen Ansprüchen, ihrer Ungezwungenheit und ihrer Ungeduld ärgert. Aber in den 1990er Jahren war die junge Generation X das »Problem«, weil sie in den Augen der älteren Generation Missachtung von Autoritätspositionen und offenen Zynismus lebte. Einige Jahrzehnte zuvor traten die Baby Boomer in das junge Erwachsenenalter ein und warfen die älteren Generationen mit ihren langen Haaren, ihren Protesten und ihrem Selbstfokus aus der Bahn. Vorher ... nun, davor war es eine andere Generation mit einer anderen Reihe von Fehlern. Dies ist seit Anbeginn der Zeit so. Wie wir im nächsten Kapitel erklären werden, haben Historiker tatsächlich die Entwicklung von achtzehn verschiedenen Generationen in diesem Land verfolgt, die bis ins 17. Jahrhundert zurückreichen. Jede neue Generation bringt eine Verschiebung der Werte mit sich, daher müssen wir uns etwa alle zwanzig Jahre auf die neueste Generation einstellen, die das Spielfeld betritt. Und, um ehrlich zu sein, ist all das Zähneknirschen und Faustschütteln, welches an die kommende Generation gerichtet wird, meist Zeitverschwendung. Langfristig wird diese jüngere Generation immer Teil des Status quo.

Wir haben keine Ahnung, ob sich der Millennial-Trend, Eltern zu Vorstellungsgesprächen mitzubringen, durchsetzt oder nicht, aber wir sind uns darüber im Klaren, dass die Millennials nicht das große Problem sind, für das sie oft verantwortlich gemacht werden.

Warum konzentrieren wir uns in diesem Buch auf die Millennials? Die Antwort ist täuschend einfach: Sie sind zufällig zur richtigen Zeit am richtigen Ort. Die »Millennial«-Generation ist nicht besser oder schlechter als jede andere Generation. So funktionieren Generationen nicht. Eine ist nie wirklich besser als die andere; sie sind einfach ANDERS. Aber die Millennials treten an einem einzigartigen Punkt in unserer Geschichte in das junge Erwachsenenalter ein; einem Zeitpunkt, an dem die Gesellschaft vor bedeutenden Veränderungen steht, insbesondere in Bezug auf Wirtschaft, Führung und Management.

In Kapitel 2 sprechen wir mehr über diese historische Gelegenheit, die wir als »perfekten Sturm« von Trends beschreiben, die so zusammenlaufen, dass eine tatsächliche Revolution im Geschäft entsteht. Es ist ein reiner Zufall der Geschichte, aber die »Millennial«-Generation tritt in das Erwachsenenalter ein und steigt während dieses Übergangs in Machtpositionen auf. Es ist nicht unbedingt ihre Wahl, aber sie werden diese Revolution anführen.

Wir wissen, dass »Revolution« ein starkes Wort ist, aber wenn Sie sich die relativ kurze Geschichte des Managements ansehen, wird deutlich, dass wir uns an der Kante einer ziemlich tiefgreifenden Veränderung befinden, die dieses Wort verdient.

Die erste Revolution im Management ging mit seiner Erfindung vor ungefähr einhundert Jahren einher. Im späten 19. und frühen 20. Jahrhundert wurden die Bausteine des modernen Managements geschaffen, während die industrielle Revolution in vollem Gange war. Wir hatten eine zuvor landwirtschaftlich geprägte Wirtschaft in einen Moloch der Produktivität und Effizienz verwandelt, indem wir Maschinen, Chemikalien Elektrizität und eben dieses maschinen-inspirierte Management nutzen, mit seinen Organigrammen, Stellenbeschreibungen, strategischen Pläne und Leistungsüberprüfungen. Diese erste Form des Managements revolutionierte unsere Wirtschaft und leitete die Moderne ein.

Seitdem hat sich das Management jedoch nicht wirklich verändert, obwohl sich unsere Wirtschaft rasant entwickelt hat. Wir haben eine Weltwirtschaftskrise, eine Produktionsökonomie, eine Dienstleistungswirtschaft und eine Informationswirtschaft durchgemacht. Heute überlegen wir uns natürlich, wie die Internet-Wirtschaft aussieht, insbesondere nach der »Großen Rezession« vor wenigen Jahren, aber während all dieser Jahrzehnte radikaler wirtschaftlicher Veränderungen haben wir uns an dieselbe Grundform gehalten: an ein Management, das vor einhundert Jahren erfunden wurde. Und ehrlich gesagt zeigt es Altersspuren, was sich daran zeigt, wie unflexibel unsere Organisationen und wie schlecht unsere Zahlen in Bezug auf Kennwerte wie das Engagement der Mitarbeiter sind. Wenn Sie diese lange Sichtweise annehmen, sehen Sie, dass eine Revolution im Management nicht nur möglich, sondern wahrscheinlich längst überfällig ist.

## Fähigkeiten für die Zukunft der Geschäftswelt

Der Niedergang unseres jahrhundertealten Managementmodells ist nur die erste »Front« des perfekten Sturms, der uns in diese Managementrevolution zwingt. Die zweite Front ist das soziale Internet. Während viele Menschen das soziale Internet nur im Hinblick auf die Umgestaltung des Marketings betrachten, hat es viel weitreichendere Folgen und eine signifikante Machtübertragung von zentralen Institutionen zu Einzelpersonen ermöglicht. In unserem ersten Buch, *Humanize: How People-Centric Organizations Succeed in a Social World,* haben wir die Auswirkungen des sozialen Internets auf Führung und Management ausführlich untersucht. Wir haben zwölf verschiedene Prinzipien identifiziert, um Organisationen bei der Vereinbarkeit mit der heutigen sozialen Welt zu unterstützen: Dezentralisierung, Systemdenken, Eigenverantwortung, Transparenz, Wahrheit, Authentizität, Inklusion, Zusammenarbeit, Beziehungsaufbau, Lernen, Experimentieren und persönliche Entwicklung.[2]

**Aber seit wir dieses Buch veröffentlichten, haben wir erkannt, dass das soziale Internet trotz seiner Macht, Reichweite und seines Potenzials das Management allein niemals revolutioniert.** Wir brauchten ein

[2] Jamie Notter und Maddie Grant, *Humanize: How People-Centric Organizations Succeed in a Social World* (Indianapolis: Que Publishing, 2012).

weiteres Element, einen Katalysator, der die Punkte so verbindet, dass eine dringend benötigte Managementrevolution verwirklicht werden kann. Dieser Katalysator ist die dritte Front in unserem perfekten Sturm: die Millennial-Generation.

Wenn die Millennials in den nächsten Jahren in Führungspositionen aufsteigen, werden sie gleichzeitig die größte Generation in der Belegschaft sein. Während die Millennials nicht offiziell »übernehmen« (keine einzelne Generation führt die Dinge jemals allein an), werden sie für uns alle als eine Art geheimer Decodier-Ring dienen und dabei helfen, zu klären, wie die Zukunft der Geschäftswelt aussehen wird, nach der Revolution. Ihre Größe und ihre generelle Ausrichtung auf die Art und Weise, wie das soziale Internet die Dinge verändert hat, werden die Zutaten liefern, die bei unseren früheren Versuchen, das Management zu revolutionieren, nicht vorhanden gewesen sind. Wir haben uns seit Jahrzehnten Veränderungen gewünscht, aber jetzt, dank des sozialen Internets und der Millennials, werden wir es schaffen. Die Konvergenz dieser Trends ist bereits in Bewegung. Der Wandel kommt, und intelligente Organisationen werden heute die notwendigen Anpassungen vornehmen, um die Nase vorn zu haben.

Wir haben dieses Buch als Leitfaden für Führungskräfte geschrieben, die uneingeschränkt an dieser Revolution teilnehmen möchten, anstatt von ihr überfahren zu werden. Was wir in der Geschäftswelt derzeit brauchen, sind eine Reihe von Prinzipien, mit denen wir unseren eigenen Weg zur Revolutionierung des Managements finden können. Es gibt keine einfachen Antworten, die uns sagen, wie die Zukunft der Geschäftswelt aussehen wird, aber als wir mit der Recherche für dieses Buch begannen, waren wir uns sicher, dass wir die wichtigsten Prinzipien herausarbeiten könnten, um beim Navigieren durch diese revolutionären Zeiten zu helfen. Ausgehend von unserer *Humanize*-Forschung zum Thema Social Business haben wir zwei verschiedene Forschungspfade gewählt, um das Bild abzurunden. Der erste war, tief in das Verständnis von Unternehmen mit bemerkenswert starken Kulturen einzutauchen. Wenn das traditionelle Management zusammenbricht, mussten wir die »positiven Abweichungen« im System besser verstehen – die Organisationen, die bemerkenswert gut arbeiteten und sowohl engagierte Mitarbeiter als auch loyalere Kunden anzogen. Wir haben nicht versucht, genau zu belegen, was eine starke Kultur ausmacht (denn wir glauben eigentlich nicht, dass es darum geht, allgemein eine starke Kultur zu definieren). Aber angesichts der Tatsache, dass Unternehmen mit durchschnittlichen oder gewöhnlichen Kulturen wahrscheinlich unter »durchschnittlichem« (das heißt: fürchterlich geringem) Engagement der Mitarbeiter leiden, wussten wir, dass wir aus einem anderen Datensatz schöpfen mussten, um Erkenntnisse zu gewinnen, die sich aus den Fängen des traditionellen Managements lösen und tatsächlich im heutigen Kontext anwendbar sein würden. Durch Korrespondenz, Interviews und Besuche vor Ort untersuchten wir ein Dutzend Unternehmen in einer Vielzahl von Branchen, die sich durch ihre starke Firmenkultur auszeichneten.

Unser zweiter Forschungspfad bestand darin, so viele Millennials wie möglich zu interviewen, um ein besseres Verständnis für ihren Managementansatz zu entwickeln. Auch hier haben wir keinen quantitativen Beweis dafür erbracht, dass die Überzeugungen der Millennial-Generation über Führung und Management insgesamt richtig oder am effektivsten sind. Wir haben nach nachhaltigen Erkenntnissen gesucht. Wir suchten nach Hinweisen, um diese Revolution zu verstehen, die die Millennials zu führen scheinen. Wir haben absichtlich die Avantgarde aufgesucht, die Millennials, die bereits dazu neigten, über Führungs- und Managementfragen nachzudenken, und sie dann gebeten, darüber zu berichten, wie es ist, heute in Organisationen zu arbeiten. Wir haben rund einhundertfünfzig Millennial-Mitarbeiter von Unternehmen jeder Größe, gewinnorientiert und gemeinnützig, in vielen Branchen befragt. Tatsächlich ist unsere Forschung noch nicht abgeschlossen. Wenn Sie zwischen 1982 und 2004 geboren wurden und Ihre Gedanken zu Management und Führung am Arbeitsplatz teilen möchten, können Sie die Umfrage hier (anonym oder nicht) ausfüllen:

https://www.surveymonkey.com/s/millennial-research

Wir haben in dieses Buch positive und negative Zitate aus dieser Studie darüber eingestreut, wie Millennials die Geschäftswelt um sich herum sehen. Suchen Sie überall nach ihnen und prüfen Sie, ob sie die Dinge widerspiegeln, die Sie an Ihrem eigenen Arbeitsplatz hören. Wir haben die Antworten in unserer Forschung anonymisiert, was sich in den Zitaten widerspiegelt. Sie werden keine Details darüber sehen, wie groß oder klein, gewinnorientiert oder gemeinnützig die Unternehmen sind, mit denen diese Millennials zusammenarbeiten – sie stammen aus allen Arten von Organisationen. Möglicherweise wird jemand aus Ihrem Unternehmen zitiert. In diesen Zitaten geht es nicht darum, die spezifischen Probleme in diesen spezifischen Organisationen anzugehen, sondern um Lehren zu ziehen, die wir auf diese Revolution der Führung und Verwaltung von Organisationen anwenden können.

Aus unserer Forschung gingen vier organisatorische Fähigkeiten hervor, von denen wir glauben, dass sie Organisationen darauf vorbereiten, heute und in Zukunft erfolgreich zu sein:

**Digital sein**
**Klar sein**
**Flexibel sein**
**Schnell sein**

Die Unternehmen, bei denen wir schon irrwitzig starke Firmenkulturen entdeckten, hatten diese Fähigkeiten in das Herz ihres Geschäftsbetriebs und ihrer Firmenphilosoph eingebaut, und die Millennials, mit denen wir sprachen, konnten nicht verstehen, warum diese Fähigkeiten nicht in jede Organisation eingebunden werden könnten. Nicht alles an diesen Ideen ist besonders neu – das Bestreben nach mehr Transparenz innerhalb von Organisationen besteht beispielsweise seit Jahrzehnten –, aber es gibt einzigartige Anwendungen für jede dieser Fähigkeiten, die speziell auf das abgestimmt sind, was im heutigen Kontext benötigt wird.

## Digital sein

Bei *Digital sein* geht es um die ständige und exponentielle Verbesserung aller Facetten des Organisationslebens, wobei sowohl die Werkzeuge als auch die Denkweisen des digitalen Zeitalters verwendet werden. Das industrielle Managementmodell war, ganz einfach gesagt, analog – mechanisch und linear, wie eine Taschenuhr, in der Sie jedes Teil steuern und ansehen können, wie alles zusammenarbeitet. Dies ermöglichte organisatorisches Wachstum und Verbesserung, aber letztendlich auf sehr begrenzte und egozentrische Weise. Die Organisation wurde zum Zentrum des Universums, und wenn unsere Bemühungen zur Verbesserung der Abläufe auf Kosten des Kunden oder des Mitarbeiters gingen, war dies einfach der Preis, den wir für eine verbesserte Effizienz und Produktivität zahlten.

*Digital sein* in der Millennial-Ära hingegen konzentriert sich kompromisslos und diszipliniert auf den Kunden oder Endbenutzer – einschließlich der Mitarbeiter. Die Revolution im sozialen Internet hat uns gezeigt, wie dieser Fokus auf den Benutzer aussah, als plötzlich jeder von uns ein Schöpfer und Verteiler von Werten werden konnte und nicht nur die Institutionen, die die Ressourcen und die Infrastruktur dafür angehäuft hatten. Millennials sind die erste Generation, die nur einen digitalen Arbeitsplatz kennt, und sie sind es gewohnt, diese Kraft individuell einsetzen zu können. Sie sind verwirrt, wenn digitale Werkzeuge für die falschen Zwecke verwendet werden oder nicht aufgegeben werden, wenn sie einen Bedarf nicht mehr optimal erfüllen.

**Digitale Organisationen wachsen schneller und erreichen mehr, indem sie sich sowohl intern als auch extern auf den Benutzer konzentrieren.** Sie nutzen sowohl die Denkweisen als auch die Werkzeuge der digitalen Welt und durchbrechen die angenommenen Einschränkungen des vorherigen Ansatzes zur Unternehmensführung und erschließen kontinuierlich neue Werte in Bereichen wie der internen Zusammenarbeit und sogar dem Personalmanagement. Wir behandeln *Digital sein* in Kapitel 3.

### Klar sein

Bei *Klar sein* geht es um einen verstärkten und intelligenteren Informations- und Wissensfluss, der Innovationen und Problemlösungen innerhalb von Organisationen unterstützt. Das industrielle

Managementmodell verband Informationen mit Macht, sodass es dazu neigte, Informationen an der Spitze zu horten und sie auf sehr sorgfältige und kontrollierte Weise zu nutzen. Wir haben die Leute auf die Informationen beschränkt, die sie »wissen müssen«. Dieser Ansatz hat jedoch die Qualität der Entscheidungen in Organisationen effektiv beeinträchtigt, da das, was »benötigt« wird, je nach Kontext variiert und es unmöglich ist, das im Voraus genau vorherzusagen.

Bei dem *Klar sein* in der Millennial-Ära geht es darum, strategische Transparenz in Systemen anzuwenden, um bessere Entscheidungen treffen zu können. Das soziale Internet wurde auf Transparenz aufgebaut und stellte die traditionellen Vorstellungen von Privatsphäre in Frage, als wir (insbesondere die Millennials) mehr und mehr online teilten. Wichtige Phänomene wie Open-Source-Software und Wikipedia beruhen auf dem Gedanken, das jetzt sichtbar und öffentlich zu machen, was früher hinter geschlossenen Türen von Experten gemacht wurde. Millennials hatten immer Zugang zu mehr Informationen, als sie möglicherweise verarbeiten konnten, und sie sind verwirrt von Organisationen, die sie streng kontrollieren, da dieser Ansatz in ihrer Welt einfach keine Ergebnisse bringt.

***Klare* Organisationen treffen intelligentere Entscheidungen, die zu besseren Ergebnissen führen.** Sie müssen nicht radikal transparent sein (nicht alle Informationen werden an alle weitergegeben), aber sie werden erfolgreich eine Transparenzarchitektur erstellen, die mehr Informationen für mehr Menschen sichtbar macht, um bessere Entscheidungen zu ermöglichen. Wir behandeln *Klar sein* in Kapitel 4.

### Flexibel sein

Bei *Flexibel sein* geht es darum, Befugnisse dynamisch und flexibel zu erweitern und zu verteilen. Das industrielle Managementmodell betrachtete Macht aus der Perspektive der Kontrolle und damit als begrenzte Ressource.

Macht wurde nur bestimmten Teilen des Systems verliehen, welchen das Unternehmen zutraute, sie auch auszuüben, und die Machtbefugnisse mit anderen zu teilen (mit anderen Menschen, anderen Abteilungen, etc.) bedeutete, selber davon weniger zu haben, sodass dies selten geschah. Infolgedessen wurde die Macht größtenteils zentralisiert, was Organisationen leider der Beweglichkeit beraubte.

Um es noch einmal zu betonen: In dem heutigen komplexen und sich schnell verändernden Umfeld müssen Unternehmen flexibel und offen dafür sein, sich in neue Richtungen zu bewegen, insbesondere an den »Fronten«, an denen Werte geschaffen und ausgetauscht werden. Aber bis die Machtzentren sich dazu durchringen, Entscheidungen zur Änderung zu treffen, hat sich für diejenigen an der Front, die auf den Wandel reagieren könnten, das Chancenfenster bereits wieder geschlossen.

Bei *Flexibel sein* in der Millennial-Ära geht es um Systeme, die einen integrierten Prozess des Denkens, Handelns und Lernens auf allen Ebenen der Organisation ermöglichen. Die soziale Internetrevolution basierte auf dieser Art des Aktionslernens. Macht wurde dezentralisiert und ermöglichte Wachstum, Veränderung und Entwicklung in einem Maß, das mit einem zentralisierten Ansatz nicht möglich gewesen wäre. Die Millennial-Generation erwartet daher nicht, dass Organisationen die höheren Ebenen mit dem Denken und Entscheiden und die niedrigeren Ebenen mit der Implementierung beauftragen.

**Flexible Organisationen bedienen Kunden effektiver und sind sowohl in der Strategie als auch in der Ausführung flinker.** Sie haben möglicherweise noch Hierarchien, diese werden jedoch auf andere Weise erstellt und verwaltet. Wir behandeln *Flexibel sein* in Kapitel 5.

## Schnell sein

Bei *Schnell sein* geht es darum, Maßnahmen in genau dem Moment zu ergreifen, in dem Maßnahmen erforderlich sind. Das industrielle Managementmodell konzentrierte sich auf Geschwindigkeit in Bezug auf Effizienz und Produktivität. Bei *Schnell sein* ging es früher nur darum, mehr

Produkte schneller herzustellen. Solange Sie noch alle Variablen steuern können, kann die Geschwindigkeit bis in die Details Ihrer Prozesse und Systeme implementiert werden. Leider verschwindet in einer zu komplexen Welt die Schnelligkeit. Die Komplexität erfordert neues Design, und während alle darauf warteten, dass Systeme und Prozesse in unseren Bürokratien neu gestaltet wurden, gingen Chancen verloren.

Bei *Schnell sein* in der Millennial-Ära geht es um Systeme, die lernen und sich anpassen können, während die Effizienz und Produktivität der vorherigen Ära erhalten bleibt. Das soziale Internet hat diesen Übergang mehr als alles andere erleichtert. Es übertrug die Macht von Institutionen auf Einzelpersonen, was immer mehr Menschen die Möglichkeit gab, Maßnahmen zu ergreifen, und machte dies zum Standard. Große Bürokratien waren plötzlich der direkten Konkurrenz durch internetfähige Startups ausgesetzt, und das Spiel änderte sich. Beta-Tests wurden normal und außerhalb des Softwarebereichs erweitert. Wir können die Millennials als »berechtigt« bezeichnen, Dinge sofort zu wollen oder mehr Autorität zu erwarten, aber denken Sie daran: Das alles ist genau das, was die Millennials bisher erfahren haben.

**Schnelle Organisationen sind dem Wettbewerb einen Schritt voraus, indem sie die Kontrolle auf eine Weise freigeben, die das Risiko nicht erhöht.** Sie gehen über Effizienz und Produktivität hinaus und finden die Schlüsselvariablen, die die wahre Geschwindigkeit erkennen lassen. Wir behandeln *Schnell sein* in Kapitel 6.

Für jede dieser vier Fähigkeiten legen wir detailliert fest, was sie sind, wie sie funktionieren und wie sie aussehen. Wir erzählen so viele Geschichten wie möglich über die Organisationen, die die Fähigkeiten bereits entwickelt und in ihre Geschäftsabläufe integriert haben. Dies ist kein spekulativer, theoretischer Inhalt – dies geschieht heute in der Welt. Wir werden Ihnen von einer kleinen gemeinnützigen Organisation erzählen, die die digitale Denkweise voll und ganz berücksichtigt hat und nicht nur mehr in Technologie investiert als einige gewinnorientierte Unternehmen ihrer Größe, sondern auch ihren Arbeitsbereich an die Bedürfnisse der Mitarbeiter anpasst (und nicht nur mit Tischfußball in der Ecke). Wir werden Ihnen von einem Softwareunternehmen erzählen, das sich so stark für Transparenz einsetzt, dass seine Kunden ins Büro kommen und bei der Projektplanung helfen können. Wir erzählen Ihnen von einem Gesundheitsunternehmen, das Mitarbeiter auf allen Ebenen die Freiheit gibt, Entscheidungen zu treffen und Maßnahmen zu ergreifen, wenn sie das richtige Wissen über den Patienten haben (einschließlich ihrer Hoffnungen und Träume). Und wir werden Ihnen von einer Bank erzählen, die ihre Konkurrenz durch Investitionen in starke interne und externe Beziehungen konsequent übertrifft.

Diese Unternehmen sind alle bei traditioneller Betrachtung enorm erfolgreich, und ihre Firmenkulturen sind so stark, dass fast alle Mitarbeiter, mit denen wir gesprochen haben, sich nicht einmal vorstellen konnten, woanders zu arbeiten. Und sie tun dies alles, indem sie einige der Grundprinzipien des traditionellen Managements aufgeben und Ideen aufgreifen, die für die Millennial-Denkweise viel sinnvoller sind. Dies sind die positiven Abweichler. Sie sind Vorbilder, die uns zeigen, dass die Managementrevolution tatsächlich möglich ist. Sie machen uns optimistisch.

## Wir sind optimistisch

Optimismus ist eigentlich eine übergreifende Fähigkeit, die für den Erfolg jeder Art von Revolution entscheidend ist. Revolutionen sind niemals einfach. Wenn sie es wären, würden wir sie einfach Wechsel nennen. Das bedeutet, dass Sie dazu bestimmt sind, unwegsame Stellen und Rückschläge zu überwinden, damit die Revolution erfolgreich ist, und Optimismus wird zu einem entscheidenden Element für den Erfolg.

Wenn Sie Ihren Optimismus verlieren, hören Sie auf, die Arbeit zu erledigen. Sie hören auf, Dinge zu pflegen. Sie hören auf, einen Fuß vor den anderen zu setzen, und wenn sich der Moment für eine entscheidende Aktion ergibt, verpassen Sie die Gelegenheit. Ohne Optimismus als Basis scheitern Revolutionen.

Als wir die Recherche für dieses Buch abgeschlossen hatten, haben wir unseren Optimismus wiedererlangt. **Wir sind in Bezug auf die Zukunft**

**des Geschäfts sogar lächerlich optimistisch.** Diese positiven Abweichler von der Norm waren nicht nur nicht schwer zu finden, sie lieferten auch Lektionen, die sich heute leicht in die meisten Organisationen integrieren lassen. In jedem der Kapitel zu den vier Fähigkeiten schließen wir mit einem Abschnitt darüber ab, wie Sie diese Fähigkeiten in Ihrem Unternehmen aufbauen können. Um es klar auszudrücken, präsentieren wir die Fallstudien nicht, um »Best Practices« zu demonstrieren. (Wenn Sie *Humanize* lesen, wissen Sie, dass wir »Best Practices« buchstäblich für böse halten.) Ihre Herausforderung besteht darin, nicht genau das zu tun, was diese Unternehmen tun. Ihre Herausforderung besteht darin, von ihnen zu lernen und deren Erfahrungen zu nutzen, um einen neuen Ansatz für den Erfolg in Ihrem eigenen Kontext zu entwickeln.

Und ja, vielleicht können Sie sich auch ein wenig von diesen Fallstudien inspirieren lassen und Ihren eigenen Optimismus wieder aufleben lassen. Wir werden einigen brauchen, um diese Revolution zu verwirklichen. Nicht zufällig ist Optimismus seit langem als Schlüsselmerkmal der Millennial-Generation bekannt. Als wir das zum ersten Mal über Millennials lasen, waren wir etwas skeptisch und fragten uns, ob Optimismus eher ein Unterscheidungsmerkmal bezüglich der Lebensphase als eine der Generation sein könnte. Junge Menschen sind im Allgemeinen optimistischer als die ältere Bevölkerung, unabhängig vom jeweiligen Generationsmix. Logischerweise. Denn wenn mehr von Ihrem Leben vor Ihnen liegt, ist es einfacher, über alle Möglichkeiten nachzudenken. Wir dachten also, dass der Optimismus irgendwann aus der Liste der Merkmale der Millennials verschwinden könnte. Es ist so, als würde man die Millennial-Generation als »rebellisch« bezeichnen, weil sie gegen den Status Quo angeht. Das ist jedoch keine Millennial-Qualität. Jede Generation rebelliert, wenn sie jung ist, und wir dachten, dass dies auch für den Optimismus der Millennials gilt.

Aber die ältesten Millennials sind jetzt in den Dreißigern. Sie haben Karrieren und Kinder und Häuser. Haben sie ihren Optimismus bewahrt? Laut einem Forscher haben sie das mit Sicherheit. Jeffrey Arnett ist Entwicklungspsychologe an der Clark University und studiert seit einiger Zeit junge Menschen. Die Universität hat kürzlich mehr als eintausend Personen im Alter von fünfundzwanzig bis neununddreißig Jahren befragt, was bedeutet, dass die Hälfte der Befragten Millennials und die

Hälfte aus dem jüngeren Teil der Generation X stammten, und der Anteil an Optimismus war erstaunlich. Arnett erweiterte die Altersspanne in der Umfrage, speziell um festzustellen, ob das Einschließen der älteren Gruppen den Optimismus verringern würde. Überraschende siebenundsiebzig Prozent der Befragten stimmten der Aussage zu: »In dieser Zeit meines Lebens scheint es immer noch so, als ob alles möglich wäre.«

Arnett (der kein Millennial ist) konnte dieses Maß an Optimismus kaum fassen, wie seine Antwort in einem Interview mit der Washington Post über diese siebenundsiebzig Prozent zeigt:

> *»Das ist weniger als bei den achtzehn- bis neunundzwanzig-Jährigen, aber es ist immer noch lächerlich hoch. Worüber reden sie? (lacht). Die überwiegende Mehrheit (der befragten jungen Menschen) ist in einer Beziehung, hat ein Kind, einen Job, den sie seit fünf Jahren oder länger haben. Wie ist so etwas möglich? Ich weiß es nicht. Der Optimismus ist erstaunlich belastbar, den sie seit ihrem aufstrebenden Erwachsenenalter hatten.«*[3]

Sie hielten an ihrem Optimismus fest, obwohl sie versuchten, während der großen Rezession Arbeit zu finden, und obwohl sie die Last beispiellos hoher Studentendarlehensschulden trugen. Mit anderen Worten, sie kämpften den Kampf einer Revolution, aber sie blieben optimistisch.

Wir werden im nächsten Kapitel den breiteren historischen Kontext dieser Managementrevolution erklären, aber wir haben ein Muster großer gesellschaftlicher Veränderungen gesehen, die etwa alle einhundert Jahre stattfinden. Und jedes Mal gibt es eine Generation, die in das junge Erwachsenenalter eintritt, und die uns mit ihrem überraschend starken Optimismus und ihrer Widerstandsfähigkeit zusammenhalten. Die Millennials sind heutzutage diese Generation. Die Zukunft der

---

[3] Brigid Schulte, »New Poll: Reality May Bite, but 30-Somethings Stay Wildly Optimistic,«, Washington Post, 9. Oktober 2014, http://www.washingtonpost.com/news/local/wp/2014/10/09/new-poll-reality-may-bite-but-30-somethings-stay-wildly-optimistic/ (abgerufen am 20. Dezember 2014).

Geschäftswelt, ist etwas, das wir alle gemeinsam erschaffen – jede Generation in der Belegschaft. Wir haben alle eine Rolle, und ein Teil der Millennial-Rolle ist es, eine neue, positivere und durchsetzungsfreudigere Sicht auf das Leben zu bringen. Hören wir also auf, uns über die Millennials und all ihre Ansprüche, Trophäen und Flip-Flops zu ärgern, und konzentrieren wir uns stattdessen darauf, wie sie uns helfen können, digitaler, klarer, flüssiger und schneller zu sein. Läuten Sie eine neue Ära für Führung, Management und Unternehmen ein.

**Die Revolution kommt. Sind Sie bereit?**

;-)

# 2. Generationen

Wenn Sie sich zunächst mit den vier Grundsätzen für den Erfolg in unserem sich verändernden Umfeld befassen möchten, gehen Sie bitte zu Kapitel 3. *Digital, Klar, Flexibel* und *Schnell* sind für die Zukunft der Geschäftswelt von zentraler Bedeutung. Wenn wir Sie dazu bringen können, mit diesen Ideen zu arbeiten, haben wir unsere Arbeit erledigt.

Wir glauben jedoch, dass die effektivsten Lösungen für die Zukunft der Geschäftswelt mit dem einzigartigen historischen Kontext von heute verbunden sein werden. In diesem Kapitel untersuchen wir daher, woher all diese Veränderungen kommen, und das bedeutet, dass wir einen Moment innehalten sollten und über das Lieblingsthema aller sprechen: Generationen.

Wir können erraten, was einige von Ihnen denken:

> *»Generationen? Ja wirklich? Haben wir nicht genug von diesem Generationshype gehört? Der Begriff ist von großen Verallgemeinerungen über Millionen von Menschen belastet, die häufig nicht mit dem tatsächlichen Verhalten und den Einstellungen der Menschen in meiner Organisation übereinstimmen. Und wenn wir eine bestimmte Generation nicht als Ursache all unserer Probleme verleumden, stellen wir sie als leuchtendes Beispiel auf ein Podest. Wie hilft mir das Wissen über Generationen, eine leistungsfähigere und effektivere Organisation zu schaffen?«*

Wir haben auch den Hype satt. Aber das ist ein Teil des Problems. **Der Hype und die übermäßigen Vereinfachungen, die den Generationen-**

**Dialog dominieren, haben uns daran gehindert, die schwerwiegenden Auswirkungen der Generationsunterschiede auf die Geschäftswelt zu erkennen.** Unsere Forschung und Erfahrung zeigt, dass das Generationenwissen entscheidend ist, um in der schnelllebigen, sich ständig verändernden Umgebung von heute erfolgreich zu sein. Der Trick besteht jedoch darin, herauszufinden, welche Aspekte des Generationskonfliktes relevant sind und welche nicht.

William Strauss und Neil Howe sind wohl die glaubwürdigsten Autoritäten bezüglich des Generationskonfliktes. Dies war der Hauptschwerpunkt ihrer akademischen Karriere, und wir betrachten sie als Hauptanlaufstelle für ein Thema, bei dem es nicht an Autoren und Beratern mangelt, die Fachwissen für sich beanspruchen. Wie jeder, der differenzierter über einige spezifische Generationen schreibt, haben Strauss und Howe tiefes Wissen über die Unterschiede zwischen den Generationen in der heutigen Belegschaft gezeigt – Baby Boomer, Generation X und Millennials. Was Strauss und Howe von ihren Kollegen unterscheidet und warum wir sie als Grundlage für unser Denken zu diesem Thema betrachten, ist die Tiefe und die starke theoretische Grundlage ihrer Arbeit. Sie identifizieren achtzehn verschiedene Generationen in der Geschichte der Vereinigten Staaten, die bis in die Kolonialzeit im 17. Jahrhundert zurückreicht, und stellen für jede Generation eine klare und überzeugende Verbindung zwischen den Grundwerten der Generation und dem einzigartigen historischen Kontext her, in dem sie gewachsen sind.[4] Als Historiker verstehen sie, wie die breiteren sozialen und kulturellen Trends die verschiedenen Generationsgruppen formen und definieren, und die Schlussfolgerungen erweisen sich als nützlicher und anwendbarer als die der anderen Autoren, die zufällige Daten auswählen und Umfragedaten verwenden, um uns zu sagen, wie unterschiedlich Generationen denken und handeln.[5]

---

[4] William Strauss und Neil Howe, *Generations: The History of America's Future, 1584 to 2069* (New York: Quill 1991).

[5] William Strauss und Neil Howe, *The Fourth Turning: An American Prophecy–What the Cycles of History Tell Us About America's Next Rendezvous with Destiny* (New York: Broadway Books, 1997).

Darüber hinaus erklären sie, warum es bei allen vier Generationen einen wesentlichen Übergang gibt, der einen starken Einfluss auf unsere nationale Kultur, Politik und Wirtschaft hat.

Interessanterweise hören wir in unseren Geschichtsklassen in der Schule nichts von diesem 80- bis 100-jährigen Zyklus. Stattdessen wird uns ein einfacher, linearer Verlauf der Geschichte präsentiert. Wir untersuchen die Kriege, die wirtschaftlichen Höhen und Tiefen, und die sozialen und kulturellen Entwicklungen, die sich alle wie auf einer geraden Linie aus der fernen Vergangenheit bis in die Gegenwart zu bewegen scheinen. Aber Strauss und Howe identifizieren ein tieferes, zyklisches Muster, das dem sich wiederholenden Wechsel der vier Jahreszeiten ähnlicher ist als eine gerade Zeitlinie von Vergangenheit zu Zukunft. Jede »Jahreszeit« in diesem Zyklus wird durch eine einzelne Generation repräsentiert, die sich etwa alle zwanzig Jahre abwechselt, und alle vier »Jahreszeiten« schließt sich der Zyklus, gekennzeichnet durch einen großen gesellschaftlichen Übergang.

Strauss und Howe beschreiben dieses Muster ausführlich in ihrem Buch *The Fourth Turning*. Wenn man sich das Muster ansieht, ist seine Genauigkeit beinahe erschreckend. **Jeweils alle vier Generationen (ungefähr achtzig bis einhundert Jahre) gab es einen großen Krieg, der das Ende einer Ära und den Beginn einer neuen Ära markierte.** Der erste Übergang erfolgte während des Unabhängigkeitskrieges in den 1770er Jahren, es war offensichtlich eine große Veränderung, als die Ära der Kolonialzeit der ersten Ära als unabhängige Nation Platz machte. Wenn Sie von diesem Punkt achtzig oder neunzig Jahre vorwärts springen, geraten Sie in den amerikanischen Bürgerkrieg, und vier Generationen später gibt es präzise wie ein Uhrwerk einen weiteren Übergang: die Weltwirtschaftskrise der dreißiger Jahre und den Zweiten Weltkrieg, die zusammen den Übergang von den vormoderne zu den modernen Epochen in den Vereinigten Staaten darstellen.

Hier ist der Punkt, wo es noch interessanter wird. **Wenn Sie achtzig Jahre nach der Depression und dem Zweiten Weltkrieg weiterspringen, landen Sie eher in der Gegenwart als in der Vergangenheit. Es passiert**

---

**gerade jetzt. Heute.** 2010 bis 2020. Und wie das Muster vorhersagen würde, haben sich seitdem vier Generationen einander abgelöst. Die GI-Generation (auch als »größte Generation« bezeichnet) war während der Depression und dem Zweiten Weltkrieg im jungen Erwachsenenalter und führte uns in die Neuzeit. Den GIs folgten die »Silent Generation«, die stille Generation, die Baby Boomers und die Generation X, und jetzt haben wir die Millennial Generation, die während der letzten »vierten Wende« in das junge Erwachsenenalter eintritt – eine Zeit, der die Geschichte vorhersagt, dass ein weiterer bedeutender Übergang von einer Ära zur nächsten stattfinden wird. Treten wir jetzt wirklich in einen grundlegenden Wandel zwischen zwei Epochen ein?

Ja. Und genau darum geht es in diesem Buch.

Wir können uns nicht sicher sein, wie das volle Ausmaß dieses gesellschaftlichen Übergangs aussehen wird, aber wir sind uns in einem Punkt des Übergangs klar: Die Geschäftswelt – die Art und Weise, wie wir Organisationen führen und verwalten – wird einen radikal neuen Blick auf die Unternehmen erfahren.

# Ein perfekter Sturm transformiert das Management

Das Management verändert sich grundlegend und dauerhaft. Das mag nach einer dramatischen Aussage klingen, aber es gibt mehr als genug Beweise, um sie zu stützen. Es ist nicht so, dass das Management verschwindet. Wir müssen weiterhin den Arbeitsaufwand innerhalb unserer Organisationen an die Gegebenheiten anpassen, und dies erfordert die grundlegenden Komponenten des Managements: Strukturen und Prozesse, die die Zusammenarbeit unterstützen, Führung – auf allen Ebenen –, die die richtigen Maßnahmen ermöglichen, und starke Organisationskulturen, die das Unternehmen ausmachen. Die dafür sorgen, dass das

Ganze größer ist als die Summe der Teile. Aber die Art und Weise, wie wir diese Dinge tun, ist jetzt bereit, sich für immer zu ändern, aufgrund von drei Trends (nennen wir sie »Fronten«), die jetzt, heute, in einem perfekten Sturm zusammenkommen.

Die drei Trends sind:

- Der Niedergang des traditionellen Managements.
- Die Revolution des sozialen Internets.
- Die Millennial-Generation steigt in den Arbeitsmarkt ein.

## Front # 1: Der Niedergang des traditionellen Managements

Es mag Sie überraschen zu erfahren, dass das Management erst vor einhundert Jahren erfunden wurde. Sicherlich, die Menschheitsgeschichte hat Tausende von Jahren der Evolution hinter sich, um herauszufinden, wie man Menschen zusammenbringt, um Dinge zu erledigen (die Pyramiden haben sich schließlich nicht selbst gebaut). Das Management, wie wir es kennen, komplett mit Strategieplanung, Delegation von Aufgaben innerhalb einer Hierarchie, Stellenbeschreibungen und Personalabteilungen ist jedoch vorwiegend ein Produkt des 20. Jahrhunderts.

Vor 1900 gab es dafür einfach keine Notwendigkeit. Die Wirtschaft in den Vereinigten Staaten war überwiegend landwirtschaftlich und vom Handel geprägt. Die industrielle Revolution, die im frühen 19. Jahrhundert begann und gegen Ende des Jahrhunderts an Fahrt gewann, bereitete die Voraussetzungen für ein modernes Management. Aber erst im frühen 20. Jahrhundert erreichte die verarbeitende Wirtschaft den Wendepunkt ihres Wachstums, an dem der Ruf nach Management immer weiter wurde.

Und die klügsten Köpfe des Tages antworteten. Frederick Winslow Taylor, heute als Vater des modernen Managements bekannt, war einer der ersten, der den Prozess der Arbeit in industriellen Umgebungen sorgfältig studierte. Er konzentrierte sich auf die Effizienz und studierte Dinge wie die perfekte Art, Kohle zu schaufeln oder die Weise, Arbeiter dazu zu motivieren, Eisenstangen auf Eisenbahnwaggons zu laden. 1911 veröffentlichte er *The Principles of Scientific Management*, und das Management wurde geboren. Dieser Kodex wurde zum Standard für die nächsten einhundert Jahre. **Noch heute verwenden wir die von Taylor um die Wende des 20. Jahrhunderts festgelegten Lohn-für-(Arbeits)Leistung-Prinzipien und viele weit verbreitete Managementprozesse wie strategische Planung, Leistungsmanagementsysteme und sogar einige der grundlegenden Konzepte in der Führungsebene haben alle ihre Wurzeln in diesem Ansatz.**

Während man im letzten Jahrhundert einige Veränderungen und Innovationen in diesem Managementansatz erwartet haben könnte, so hängt seine Langlebigkeit mit seiner Leistungsfähigkeit zusammen. Die Produktivitäts- und Effizienzgewinne, die wir in unserer Wirtschaft in den letzten einhundert Jahren gesehen haben, sind atemberaubend. Der Industriepionier Henry Ford konnte die Ideen des wissenschaftlichen Managements auf seinen revolutionären Fließbandprozess übertragen und die Zeit für die Herstellung eines Modells T von 12,5 Stunden auf nur 93 Minuten verkürzen. Ein Jahrzehnt später produzierte Ford fast zehntausend Autos pro Tag, und fast ein Jahrhundert später feierte Ford die Produktion seines dreihundertfünfzig-millionsten Fahrzeugs.

Unser Fortschritt scheint unerbittlich und unaufhaltsam, und im Grunde haben wir der Revolution des wissenschaftlichen Managements viel zu verdanken. Allerdings war es nicht nur das wissenschaftliche Management – Maschinen spielten auch eine wichtige Rolle. Unsere Fähigkeit, Dinge wie Elektrizität, den Verbrennungsmotor, Chemikalien und Telekommunikation zu beherrschen, hat unsere Produktivität ebenso gesteigert wie das Management. Wenn überhaupt, haben unsere Maschinen unser Management genauso inspiriert wie diese frühen Forschungen. **Das moderne Management behandelte die Organisation wie eine Maschine mit ihren Bestandteilen, Ein- und Ausgabeflüssen sowie Belastungen und Gutschriften und einer unbestreitbaren hierarchischen Struktur. Macht und Kontrolle der Organisation wurden in die Hände der obersten Hierarchiestufe gelegt, weil von der Peripherie – den Arbeitern und Angestellten – erwartet wurde, dass sie den Anweisungen**

**folgten und ihren Beitrag leisteten, ähnlich wie Zahnräder in einer Maschine.**

Im Laufe der Jahre haben Forscher und Praktiker einige Herausforderungen an die mechanistische Herangehensweise des Betreibens von Organisationen gestellt. Bereits Ende der 1920er Jahre begannen die Forscher, die menschlichen Faktoren in der Produktion zu untersuchen. Dabei stellten sie fest, dass soziale Fakten die Leistung viel stärker beeinflussten als bisher vermutet, und auch Dinge wie Gruppennormen und die »informelle Organisation« eine wichtige Rolle spielten.[6] In den 1940er Jahren entwickelten der Psychologe Kurt Lewin und andere das neue Feld der Organisationsentwicklung, das sich auf Gruppendynamik und organisatorisches Lernen konzentrierte.

1960 veröffentlichte Douglas McGregor, Professor an der MIT Business School, seinen Managementklassiker »The Human Side of Enterprise«, der die berühmte Unterscheidung zwischen den von ihm als »Theory X« und »Theory Y« bezeichneten Managementansätzen machte: Unter X gruppierte er Manager, die glaubten, Arbeiter seien grundsätzlich faul und müssten zum Produzieren gezwungen werden, und die Y-Gruppe bildeten jene, die meinten, dass Mitarbeiter selbst motiviert sind und unterstützt werden müssen, damit ihr volles Potenzial ausgeschöpft werden kann.[7]

**Diese eher auf den Menschen ausgerichteten Ideen haben jedoch die Dominanz des Maschinenführungsmodells nie erfolgreich in Frage gestellt.**

Auch wenn unsere Wirtschaft und Gesellschaft vom Industrie- und Fertigungszeitalter in ein Zeitalter dominiert von Information und

---

[6] R. H. Franke and J. D. Kaul, *The Hawthorne experiments: First statistical interpretation*; American Sociological Review 43 (1978): 623-643 (zusammengefasst auf http://www.nwlink.com/~donclark/hrd/history/hawthorne.html aufgerufen am 20. Dezember 2014).

[7] Douglas McGregor, *The Human Side of Enterprise, Annotated Edition* (New York: McGraw-Hill, 2006).

Digitalisierung überging, hat sich unser mechanischer Ansatz in Bezug auf Management kaum geändert.

Wir haben heutzutage mehr Mobilgeräte und Büros als Fabrikhallen, aber Organisationsstrukturen, strategische Planung, Vergütungsstrategien, mittleres Management und die Kriege der Abteilungen untereinander sind uns geblieben. Unsere Wirtschaft hat sich verändert, aber unser Management kaum. Kontrolle ist immer noch das Hauptziel. Lineare Ursache-Wirkungs-Hebel sind weiterhin die Werkzeuge der Wahl.

Für Manager, die das Beste aus ihren menschlichen »Ressourcen« herausholen wollen, wird es immer schwieriger. Denn Führung ist zweifellos immer noch an die Autoritätspositionen an der Spitze des Organigramms gebunden. Wir haben das Informationszeitalter mithilfe eines maschinellen Ansatzes verwaltet.

Aber zu welchen Kosten? **In den letzten zehn Jahren gab es immer mehr Hinweise darauf, dass unser maschineller Managementansatz möglicherweise Altersspuren aufweist, von denen die überzeugendsten das Engagement der Mitarbeiter betrifft.** Der jüngste Bericht der Gallup Corporation über das Engagement von Mitarbeitern (in den USA) zeigt, dass nur drei von zehn Mitarbeitern tatsächlich engagiert ihrer Arbeit nachgehen, und fast zwei von zehn haben sich so weit abgekoppelt, dass sie ihre Arbeitsplätze aktiv und absichtlich verschlechtern.

Stellen Sie sich einmal vor, welche Steigerung der Produktivität wir in den letzten einhundert Jahre mit höherem Engagement hätten erreichen können. Ein Fünfzigprozentiges »Engagement Ergebnis« scheint immer noch ziemlich peinlich, aber es wäre eine siebenundsechzigprozentige Steigerung gegenüber dem, was wir jetzt haben. Und so empörend diese Zahlen auch klingen mögen, Gallup verfolgt diese Kennzahlen seit dem Jahr 2000 und sie haben sich in mehr als zwanzig Jahren nicht wesentlich geändert. Es gibt kleine Abweichungen von Jahr zu Jahr, aber das Grundverhältnis von etwa dreißig Prozent, die wirklich engagiert bei der Sache sind, fünfzig Prozent, die weniger tun, als sie könnten, und zwanzig Prozent, die sich aktiv vom Arbeitsprozess distanzieren, ist gleichgeblieben.

Wir wissen, dass dies ein Problem ist, aber wir sind der Lösung noch keinen Schritt nähergekommen. Gleiches gilt für das Thema organisatorische Agilität. Führungskräfte aus allen Branchen beklagen sich bei uns über ihre Unfähigkeit, mit dem Tempo des Wandels Schritt zu halten, auf Kundenanforderungen zu reagieren oder sich an die sich ändernde Technologielandschaft anzupassen, aber niemand scheint in der Lage zu sein, Antworten auf diese Herausforderungen zu finden. **Nicht zufällig sind Maschinen aufgrund ihres Designs weder im Engagement noch in der Beweglichkeit sehr gut.** Maschinen beteiligen sich nicht an der Mitgestaltung der Arbeit – sie diktieren die Bedingungen und fordern Regeltreue. Maschinen ändern sich auch nicht mittendrin. Wir müssen unsere Maschinen ausschalten und sie verändern, wenn wir wollen, dass sie sich anders verhalten. Während unser mechanistischer Ansatz an das Management uns zu großen Höhen geführt hat, spiegelt das Plateau, auf dem wir uns heute befinden, wider, dass dieser Ansatz seine Blütezeit überschritten hat.

## Front # 2: Die soziale Internetrevolution

Vor dem Hintergrund des Niedergangs unseres traditionellen, maschinenorientierten Managementansatzes, hat sich über ein paar Jahrzehnte ein separater Sturm zusammengebraut, der den Druck auf das alte Modell tatsächlich erhöhen wird. Diese zweite Front des perfekten Sturms ist das soziale Internet, und **während die meisten Menschen die Bedeutung des Internets für die Veränderung unserer Gesellschaft im Großen und Ganzen erkennen, haben viele diese Veränderungen nicht mit einer unvermeidlichen Veränderung in der Art und Weise verbunden, wie wir unsere Organisationen führen.**

Es ist nicht zu leugnen, dass das Internet unsere Wirtschaft verändert hat. Bereits 1999 wurde Jeff Bezos, der Gründer des Online-Handel-Pioniers Amazon.com, mit der prestigeträchtigen Auszeichnung »Person of the Year« des Time Magazine ausgezeichnet.

Nur sieben Jahre später waren *Sie* jedoch die Person des Jahres. »Ja, Sie«, verkündete das Time-Cover, »Sie kontrollieren das Informationszeitalter. Willkommen in Ihrer Welt.« Der Preis ging nicht an eine bestimmte Person, sondern an Millionen von Menschen auf der ganzen

Welt, die jetzt Inhalte im Internet erstellen und teilen. Im ersten Jahrzehnt des neuen Jahrtausends wurde das technische Internet zum »sozialen Internet«. Blogs, YouTube, Wikipedia, Facebook, Twitter – plötzlich wurde die Explosion von Inhalten, Informationen, Nachrichten und Unterhaltung im Internet zu einem großen Teil von einer Armee von Amateuren erstellt und geteilt, anstatt in den exklusiven Bereichen der Profis.

Als sich diese soziale Internetrevolution ausbreitete, wurde sie in unsere Organisationen eingebettet, wenn auch nicht ohne Widerstand. In den frühen Tagen der sozialen Medien, wurden Unternehmen unvorbereitet gezwungen, sich damit zu beschäftigen. Verblüfft blickten sie auf plötzlich viral werdende Beiträge, beispielsweise das Musikvideo "United breaks guitars", einem Lied darüber, wie die Fluglinie "United Airlines" Gitarren als Gepäckstück sorglos behandelt und diese kaputt gehen (das Video hat heute, Stand 2021, über zwanzig Millionen Aufrufe). Oder der weltweite Aufschrei bloggender Mütter in unzähligen Beiträgen gegen Motrin® (einem Schmerzmittel), das in einer Anzeigenkampagne implizierte, dass das Tragen von Babys in einem Babytuch bei den Müttern zu Schmerzen führen würde.

Aber seit dieser Zeit holen die sozialen Medien der Unternehmen auf. Kleine wie große Firmen erstellen Blogs, Facebook-Seiten, Twitter-Konten, und sobald eine neue soziale Plattform populär wird, werden die Marken auch dort sein. Wir sehen sogar, dass einige Unternehmen ihre Social-Media-Initiativen strategischer gestalten und die Messlatte für Return-of-Investment (ROI)-Kennzahlen höher legen. Marketing ist völlig anders als früher. Als Jamie kürzlich twitterte: »Ist es falsch, dass ich Lust auf einen Chevy Camaro habe?«, antwortete ihm der GM-Twitter-Account innerhalb von fünfzehn Minuten direkt mit einer Ein-Wort-Antwort: »Nein.«

Gut gespielt, General Motors, gut gespielt.

Aber hier ist das Problem: Obwohl wir uns auf Marketing konzentrieren, geht die Revolution im sozialen Internet tatsächlich viel tiefer. Wenn Sie über die neuen Instrumente hinausblicken, sehen Sie einen wichtigeren

Wandel in der Gesellschaft, der enorme Auswirkungen auf Führung und Management hat:

**Das soziale Internet hat das Kräfteverhältnis zwischen Einzelpersonen und Institutionen dauerhaft verändert.**

Josh Allan Dykstra weist in seinem Buch *Igniting the Invisible Tribe* darauf hin, dass vor dem sozialen Internet vier wichtige Ressourcen in der Gesellschaft knapp und daher sehr wertvoll waren:

- **Ideen:** Zugang zu bestem Wissen, besten Ideen und Informationen (über Eliteuniversitäten, Bibliotheken oder teure Enzyklopädien);
- **Unterhaltung:** Zugang zu Unterhaltungsinhalten (über Fernsehen, Radio oder die Kinos);
- **Ressourcen:** Zugang zu finanziellen oder physischen Ressourcen (über Banken und Transportnetze);
- **Personen:** Zugriff auf die Personen, die Sie benötigen, um Dinge zu erledigen (über Ihr persönliches Netzwerk).[8]

Der individuelle Zugang zu all diesen Dingen war begrenzt (daher die Knappheit), und das machte die Institutionen, die den Zugang zu diesen Ressourcen kontrollierten, sehr mächtig. Universitäten, Banken, Plattenfirmen, große Unternehmen – wir alle brauchten diese Institutionen, um das zu bekommen, was wir brauchten. Heute ist das jedoch weniger der Fall. Diese Institutionen haben immer noch Macht, wohlgemerkt, aber unsere Beziehung zu ihnen als Individuen hat sich verschlechtert, weil diese Ressourcen einfach nicht mehr so knapp sind wie früher, was zum großen Teil dem sozialen Internet zu verdanken ist.

Jetzt können wir mit Google auf Informationen zugreifen, die früher knapp waren. Die Elite-Wirtschaftsmagazine wie Forbes und Harvard Business Review veröffentlichen große Mengen an Inhalten kostenlos außerhalb ihres Abonnentenbereichs. Und selbst Universitäten wie Harvard, Stanford und MIT bieten MOOCs (Massive Open Online Courses)

---

[8] Josh Allan Dykstra, *Igniting the Invisible Tribe: Designing and Organization that Doesn't Suck* (Silver Thread Publishing, 2012).

an, über die Menschen jetzt kostenlos Zugang zu qualitativ hochwertiger Bildung haben. YouTube bietet mehr Videounterhaltung, als wir uns jemals in einem Blockbuster-Videogeschäft hätten vorstellen können (erinnern Sie sich an diese?). Und seit 2012 bietet Apples iTunes Store mehr als sechsundzwanzig Millionen Songs zum Verkauf an, was weit mehr als das ist, was Plattenlabels in die Plattenläden schickten, als viele von uns aufwuchsen. Sogar der Zugang zu Geld wird umgekrempelt, da Startups sich an Crowdfunding-Quellen wie Kickstarter wenden können, anstatt sich auf traditionelle Kreditinstitute zu beschränken. Wo früher der Zugang zu Ideen, Unterhaltung, Ressourcen und Menschen eingeschränkt war, gibt es diese jetzt reichlich. Kurz gesagt, wir als Individuen haben mehr Macht.

Und wir mögen es.

Es ist Teil dessen, was es bedeutet, menschlich zu sein. Psychologen bezeichnen dies als **Handlungsbewusstsein**: das »subjektive Bewusstsein, dass die eigenen Willenshandlungen in der Welt initiiert, sie ausgeführt und kontrolliert«.[9]

Wir sind fest entschlossen, dies zu wollen, daher ist die Tatsache, dass das soziale Internet das Spiel zu unseren Gunsten als Menschen neu geordnet hat, tatsächlich eine große Sache. In diesem Sinne ist es nicht verwunderlich, dass das Internet eine bedeutende Rolle in den demokratischen Bewegungen des »Arabischen Frühlings« spielte, die 2010 begannen. Das soziale Internet hat keine besondere politische Zugehörigkeit, aber es mag es definitiv, den Menschen Macht zu verleihen.

Das bringt uns zurück zum bröckelnden Maschinenmodell des Managements. Traditionelles Management ist abhängig von der Zentralisierung von Macht und Kontrolle, daher erhöht das soziale Internet nur den zunehmenden Druck auf den Maschinenansatz, Führung und Management zu verändern. **Je mehr Menschen die neue Macht erfahren, die das soziale Internet bietet, desto verwirrter und frustrierter werden sie, wenn**

---

[9] »Sense of Agency«, Wikipedia,http://en.wikipedia.org/wiki/Sense_of_agency (aufgerufen am 20. Dezember 2014).

**sie versuchen, in traditionellen Bürokratien und Hierarchien zu agieren.** Und während das soziale Internet als solches das traditionelle Management nicht an einen Wendepunkt gebracht hat, gibt es in diesem perfekten Sturm eine weitere Front, die dies vielleicht auslösen kann.

# Front # 3: Die Millennial Generation - Eintritt in die Belegschaft

Wir haben für dieses Buch aus einem bestimmten Grund den Titel »*Wenn Millennials übernehmen*« gewählt. Es ist keineswegs so, dass die Millennial-Generation besser, klüger, spezieller oder vorausschauender ist als jede andere Generation in der heutigen Arbeitnehmerschaft. Es ist einfach so, weil die Millennial-Generation zufällig jetzt eine einzigartig mächtige Position in unserer Geschichte einnimmt. Millennials sind die Generation, die in das junge Erwachsenenalter eintritt, während wir den Übergang zur »vierten Wende« durchlaufen, auf die wir bereits hingewiesen haben, und die Kräfte, die diese Generation formen, sind in praktischerweise auf die beiden anderen Trends im Sturm ausgerichtet, der uns dazu zwingt, die Art und Weise zu ändern, wie wir führen und verwalten. Hinzu kommt ihre Größe – die Millennial-Generation ist mit fast achtzig Millionen Menschen die größte Generation in der Geschichte der Vereinigten Staaten – und die Millennials werden die Generation sein, die den im Niedergang befindlichen maschinellen Managementansatz endgültig den Garaus macht. **Im Jahr 2020 werden Millennials das größte Segment der Belegschaft sein, ebenso wie sie in Führungspositionen aufsteigen.**

Der perfekte Sturm ist da.

Das bedeutet, dass wir alle (einschließlich derjenigen von uns, die Millennials sind) verstehen müssen, was die Millennial-Generation prägt und leitet. Leider lässt uns hier ein Großteil der Literatur über Generationen im Stich. Ohne eine klare theoretische Grundlage widersprechen sich viele Autoren und machen schwer zu rechtfertigende Behauptungen geltend, was letztendlich die Glaubwürdigkeit des gesamten Themas beeinträchtigt. Dies ist bedauerlich, da die Theorie sowohl gut fundiert als auch leicht zu verstehen ist.

Kurz gesagt, **Generationen werden durch Zyklen in der Entwicklung der Geschichte und Kultur unserer Nation gebildet.** Strauss und Howe identifizierten das kritische Muster, das die Basis dieser Theorie bildet: Alle dreißig bis vierzig Jahre kommen Trends und Ereignisse auf eine Weise zusammen, die uns als Nation aufschrecken lässt. Strauss und Howe nennen sie »soziale Momente« in unserer Geschichte, und die Zeit zwischen der Weltwirtschaftskrise und dem Zweiten Weltkrieg ist ein Paradebeispiel für einen sozialen Moment aus dem 20. Jahrhundert. Die idealistische und sozial revolutionäre Zeit, die wir in diesem Land als »Die Sechziger« bezeichnen (die sich wirklich bis in die frühen 1970er Jahre erstreckte), ist ein weiterer sozialer Moment.

In diesen sozialen Momenten wurde jeweils eine Generation junger Menschen erwachsen (Übergang von der Kindheit zum Erwachsenenalter) und somit maßgeblich von diesen historischen Ereignissen geprägt. Für die Große Depression der 30er Jahre und dem Zweiten Weltkrieg war es die GI-Generation (geboren zwischen 1901 und 1924) und für die sechziger Jahre waren es die Baby Boomer (geboren zwischen 1943 und 1960). Unmittelbar nach jedem sozialen Moment gab es eine Zeitspanne, in der wir uns entweder von der externen globalen Krise des Zweiten Weltkriegs oder von der internen sozialen Revolution der sechziger Jahre erholten. Diese Erholungsphasen produzierten jeweils auch eine klar unterscheidbare Generation: die »Stille Generation« (geboren zwischen 1925 und 1942) und beziehungsweise die Generation X (geboren zwischen 1961 und 1981).

Jede Generation ist geprägt von dem, was sie während des Erwachsenwerdens umgibt:

- Die »Stille Generation«, die aufgewachsen ist, während unser Land den Zweiten Weltkrieg und die Große Depression verarbeitete und sich davon erholte, hat sich immer auf Sicherheit beschränkt, aufgeschobene Belohnung in Kauf genommen und wollte auf keinen Fall am bestehenden System rütteln. Sie lieben Befehl und Kontrolle.

- Die Baby Boomer hingegen wuchsen in einer Zeit sozialer Umwälzungen und Revolutionen auf. Sie neigen dazu, Teamwork, Gruppenarbeit, lange Arbeitszeit und Optimismus zu schätzen, und sie wollen etwas bewirken.
- Die Generation X wuchs auf, als wir uns von den sechziger Jahren erholten und mit Herausforderungen konfrontiert waren wie steigenden Scheidungsraten, Massenentlassungen und einem Anstieg der Anzahl an Haushalten, in denen beide Elternteile arbeiten müssen. Deshalb sind Gen Xer als unabhängig, etwas zynisch und anpassungsfähig bekannt.

Dies ist offensichtlich eine flüchtige Erklärung der Merkmale jeder Generation am heutigen Arbeitsplatz, obwohl dies für die Zwecke dieses Buches ausreichen wird. Wenn Sie mehr über die Details erfahren möchten, lesen Sie Jamies E-Book *Generational Diversity in the Workplace*[10], oder gehen Sie direkt zur Quelle – Strauss und Howe – und lesen Sie eines deren beiden Bücher aus den 1990er Jahren, *Generations* und *The Fourth Turning*.

Das bringt uns zu den Millennials (geboren zwischen 1982 und 2004). Die Millennials sind etwas schwieriger zu definieren, da der soziale Moment, der sie als Generation prägt, gerade jetzt stattfindet. Es ist schwieriger, einen historischen Trend zu erkennen, wenn Sie sich darin befinden. Abgesehen davon werden wir nicht zwanzig Jahre warten, um diese Generation zu verstehen. Deshalb haben wir vier wichtige Trends identifiziert, die derzeit stattfinden und die Millennial-Generation jetzt beim Erwachsenwerden prägen:

- Das soziale Internet.
- Fülle
- Vielfalt
- Der erhöhte Status von Kindern.

---

[10] Jamie Notter, *Generational Diversity in the Workplace: Hype Won't Get You Results* (Washington, DC: Culture That Works LLC, 2007) http://www.culturethatworks.net/collections/generations/products/generational-diversity-in-the-workplace-hype-won-t-get-you-results

## Das soziale Internet

Der offensichtlichste Faktor, der Millennials prägt (und einer, dem so ziemlich jeder Autor des Themas zustimmt), ist das soziale Internet. Die Millennials sind mit dem Internet aufgewachsen und haben diese Form der Beschaffung von Information und Interaktion in ihr Leben integriert. Sie nehmen es als gegeben an. Sie sind nicht so erstaunt wie der Rest von uns darüber, wie schnell Google innerhalb von Millisekunden fünf Millionen relevante Weblinks generieren kann (ganz zu schweigen von der Tatsache, dass Google weiß, was Sie tippen, bevor Sie fertig sind). Das ist nicht erstaunlich – das ist für die Millennials einfach normal. Sie kennen keine andere Möglichkeit, Informationen abzurufen. Und Millennials wurden speziell im sozialen Internet aufgezogen. Seit ihrer Kindheit sind sie befreundet, folgen einander und erstellen und teilen Inhalte. Während wir alle in den letzten zehn Jahren gelernt haben, wie man diese Dinge macht, haben die Millennials es gelernt, als sie keinen anderen Weg kannten, und dies hat sie als Generation geprägt.

Steve Borsch schrieb 2006 einen kurzen Artikel über den »Aufstieg der Internetkultur«. Er interviewte einige College-Studenten, die zu diesem Zeitpunkt etwa zwanzig Jahre alt waren (was bedeutet, dass sie in oder um 1986 geboren wurden, was sie zu den frühen Millennials macht). Diese Early Adopters verfolgten bereits einen anderen Ansatz für den Zugriff auf Inhalte mithilfe der damals neuartigen Technologie von RSS-Feeds, wie Josiah, ein zwanzig-jähriger Student, berichtete:

*Ich suche nicht so aktiv nach Informationen, sondern habe Technologien wie Syndikation und Sofortkommunikation verwendet, um einen Informationsstrom einzurichten, der mir rund um die Uhr zur Verfügung steht.*[11]

Josiah erklärte weiter: Als er Schwierigkeiten hatte, die benötigten Informationen zu finden, fand er einfach Leute, die über das Fachwissen verfügten, und arbeitete mit ihnen zusammen, um eine Anwendung zu erstellen, die das Problem lösen würde. Mit anderen Worten: Wenn die

[11] Steve Borsch, *Rise of the Internet Culture* (Eden Prairie, MN: Marketing Directions, Incorporated, 2006), 6.

Millennials ein Problem gelöst haben wollten, kümmerten sie sich selbst darum.

Wie Borsch in seinem Bericht schloss:

> *Dies ist keine ungewöhnliche Antwort für Josiah oder viele andere: Wenn etwas, das sie brauchen oder wollen, nicht verfügbar ist, finden sie einfach heraus, wie sie es selbst erstellen können. Tatsächlich zeigt dieses Verhalten einen grundlegenden Unterschied zwischen denen, die in einer Partizipationskultur leben, und der vorangegangenen Generation.*[12]

Würden Sie im Zeitalter der sozialen Medien aufwachsen und eine Digitalkamera kaufen, die nicht genau so funktioniert, wie Sie es möchten, wenden Sie sich einfach an Ihre sozialen Netzwerke und finden heraus, wie Sie sie ändern können – oder »Hacken« es – auf eigene Faust. Am Ende besitzen Sie eine Kamera, die Dinge tut, die der Hersteller möglicherweise nicht beabsichtigt hat. Dies mag für den Hersteller (und insbesondere für die Manager, die aus der Baby Boomer Zeit und Generation X stammen) verstörend klingen, aber für die Millennials ist dies einfach die Art und Weise, wie sie Dinge erledigen.

Dies hat einige wichtige Auswirkungen auf den Arbeitsplatz. Da die Zahl der Millennials in der Belegschaft zunimmt, werden wir immer ungeduldiger mit der langsamen Bürokratie und den Kontrollen, die das Handeln einschränken, insbesondere aus der Sicht von Menschen, die in der Hierarchie auf einer niedrigeren Stufe stehen. **Die Millennials sind vielleicht nicht die erste Generation, die von Bürokratie und Hierarchie enttäuscht ist, aber sie sind die erste Generation, die in großem Umfang Werkzeuge erhalten hat, um sie zu umgehen.**

---

[12] Borsch, 6.

## Fülle

Der zweite Faktor, der die Millennials prägt, ist die Fülle. In diesem Land gibt es mehr Autos als Führerscheininhaber, und wir geben als Nation tatsächlich mehr für Mülltüten aus als neunzig andere Nationen für *alles*.[13]

Der vielleicht eklatanteste Beweis für den Anstieg im Überfluss, in dem die Millennials aufwachsen, ist jedoch die externe Lagerung von Gegenständen. Die Self-Storage-Branche (Selbst-Lagerungsbranche) erzielt jedes Jahr einen Umsatz von vierundzwanzig Milliarden US-Dollar. Das ist ein Anstieg von siebzehn Milliarden US-Dollar innerhalb von zehn Jahren[14], und es war das am schnellsten wachsende Segment des gewerblichen Immobiliengeschäfts in den letzten vierzig Jahren.[15] Für jeden Mann, jede Frau und jedes Kind in diesem Land, gibt es jetzt 7,3 Quadratmeter Selbstlagerfläche. Denken Sie daran, dies ist eine Branche, die es in der Weltwirtschaftskrise nicht gab. Damals hatten wir nicht das »Problem«, so viel Zeug zu haben, dass wir es buchstäblich nicht in unseren Häusern aufstellen konnten, und das uns dazu gezwungen hat, diese zusätzlichen »Zeughäuser« zu schaffen, um das Problem zu lösen. (Darüber hinaus war ein durchschnittliches Zuhause von der Größe her damals auch kleiner.) Das ist Fülle.

Wenn Sie materielle Fülle mit der Informationsfülle kombinieren, die das Internet dieser Generation gebracht hat, erhalten Sie eine Generationsgruppe, die einfach höhere Standards hat. Sie erwarten, dass Ressourcen verfügbar sind, weil dies schon immer der Fall war. Die Befriedigung der Grundbedürfnisse ist eine Selbstverständlichkeit, deshalb suchen sie nach mehr. Wenn Sie eine generationenübergreifende Demonstration der unterschiedlichen Erfahrungen von Millennials in der heutigen Welt

---

[13] Daniel H. Pink, *A Whole New Mind: Moving from the Information Age to the Conceptual Age*, (New York: Riverhead Books, 2005), 33.

[14] Pink, *A Whole New Mind*, 33.

[15] »Fact Sheet«, *Self Storage Association*, http://www.selfstorage.org/ssa/content/navigation-menu/aboutssa/factsheet/ (aufgerufen am 20. Dezember 2014).

wünschen, schauen Sie sich einfach Videospiele an. Millennials sind nicht die einzige Generation, die Erfahrung mit Videospielen hat. Generation X ist mit Pong, Atari und Space Invaders aufgewachsen, aber die Spiele waren zweidimensional und Sie konnten (höchstens) mit genau einem anderen Spieler spielen, der direkt neben Ihnen sitzen musste. In der heutigen Spielumgebung können Spieler in eine detailreiche, dreidimensionale Welt eintauchen, in der mehrere (wenn nicht Tausende) anderer Spieler gleichzeitig online sind. In dem sehr beliebten Spiel »World of Warcraft« kommen die Spieler in Gruppen zusammen, die Gilden genannt werden. Dadurch können sie die unterschiedlichen Stärken der verschiedenen Charaktere nutzen und im Spiel erfolgreicher sein (die Gildenfunktion wurde übrigens ursprünglich von den Benutzern selbst erstellt, nicht von den Machern des Spiels). Die Spielerlebnisse von Millennials sind im Vergleich zu denen der Generation X überaus reichhaltig, komplex und kreativ.

**Dann tauchen Millennials in der Belegschaft auf, wo von ihnen erwartet wird, dass sie Befehle befolgen, darauf warten, dass andere Entscheidungen treffen, und die Dinge so tun, wie sie es immer getan haben.** Dies ist für sie ein Unding. Zugegeben, jede Generation kommt auf den Arbeitsmarkt und drängt auf irgendeine Weise gegen den Status Quo, aber Millennials wachsen im Kontext großer Fülle auf und haben dahingehend höhere Standards und höhere Erwartungen.

### Vielfalt

Der dritte soziale Faktor, der die Millennials prägt, ist die Vielfalt. Diese Generation ist damit aufgewachsen, in nahezu jedem Aspekt ihres Lebens eine größere Vielfalt zu erfahren und zu erwarten. Wie die Fülle ist dies nicht gerade ein neuer Trend, aber er beschleunigt sich rasant. Die USA haben jahrhundertelang darum gekämpft, die inhärente Vielfalt ihrer Bevölkerung zu berücksichtigen, insbesondere in Bezug auf Hautfarbe, ethnische Zugehörigkeit und Geschlecht. Im Laufe der Jahre haben wir Fortschritte gemacht. Institutionen und gesellschaftliche Rahmenbedingungen, die früher streng homogen waren – zum Beispiel alle weißen oder alle männlichen –, haben sich verändert und sind vielfältiger geworden.

Man könnte argumentieren, dass es länger dauert, als es sollte, aber jede Generation von Erwachsenen konnte auf die Tage ihrer Jugend zurückblicken und zumindest eine gewisse Zunahme der Vielfalt feststellen, die sie als Erwachsene erlebten.

Für Millennials scheint dieser Trend jedoch turbogeladen zu sein. Betrachten Sie zum Beispiel den jüngsten Anstieg der Anzahl weiblicher Mitglieder des US-Kongresses. Die erste Frau, die in den Kongress gewählt wurde, gewann 1916 ihren Sitz (bevor Frauen überhaupt wählen konnten), aber selbst in den 1980er Jahren erreichte der Anteil der Frauen an den Kongresssitzen nie mehr als 2,0 oder 3,0 Prozent der Gesamtsitze. Als die Millennials jedoch erwachsen wurden, wuchs diese Zahl schnell. Zwischen 1992 und 2012 (als die ältesten Millennials dreißig Jahre alt wurden) hat sich die Vertretung von Frauen im Kongress von 6,2 Prozent auf 19,1 Prozent mehr als verdreifacht.[16] (Im Gegensatz dazu verdoppelte sich die Vertretung in Generation X nur von 3,0 Prozent auf 6,2 Prozent, und als die ältesten Baby Boomer dreißig Jahre alt wurden, bewegte sich der Prozentsatz der Frauen kaum von 2,8 Prozent auf 3,0 Prozent.)

Dies ist nur ein spezifisches Stück Diversität, es zeigt jedoch einen steilen Anstieg der Änderungsrate. **Es ist so, als hätten wir eine Art Wendepunkt überschritten, und jetzt bewegen sich die Veränderungen in Bezug auf die Vielfalt in diesem Land exponentiell. Millennials erwarten nun, von Unterschieden umgeben zu sein.** Unterschiedlicher Musikgeschmack, unterschiedliche Sprachen, unterschiedliche Lebensmittel. Brieffreunde aus einem Nachbarstaat wurden durch große Mengen von Facebook-Freunden ersetzt – rund um den Globus. Vielfalt ist zu einem erwarteten Teil ihres Lebens geworden.

---

[16] »Women in the United States House of Representatives,« Wikipedia, the Free Encyclopedia, http://en.wikipedia.org/wiki/Women_in_the_United_States_House_of_Representatives (aufgerufen 20. Dezember 2014).

Ein Ausdruck der Vielfalt, den Millennials besonders gerne haben, ist das »Mashup« (Vermanschen). In der Musik verwenden Künstler seit geraumer Zeit Samples von anderen Künstlern (normalerweise aus einem anderen Genre oder einer anderen Epoche). Aber mit dem sozialen Internet und dem weit verbreiteten Zugang zu Musik-Sampling-Tools haben alle damit begonnen. Selbst in der Softwareindustrie wird ein Mashup durchgeführt, indem ein Code verwendet wird, der für eine Anwendung geschrieben wurde, und für die Verwendung in einer anderen Anwendung angepasst wird. Millennials werden nicht von Mashups überrascht; sie halten diese für normal.

Jetzt tauchen Millennials in der Belegschaft auf und gehen nicht nur besser mit Vielfalt um, sondern erwarten sie auch. **Sie sind bereit, neue Wege zu gehen, aber meistens begegnen sie dem Syndrom »Wir haben es schon immer so gemacht«.** Dies wird eine Herausforderung für eine Generation sein, die gelernt hat, sich an ein diverses und sich veränderndes Umfeld anzupassen.

### Der erhöhte Status von Kindern

Die dramatische Zunahme der Aufmerksamkeit, der Millennials während ihrer Kindheit geschenkt wurde, ist der vierte Faktor, der diese Generation prägt, und es ist einer, den viele Menschen schnell bemerken. Wie Neil Howe in seinem Buch *Millennials in the Workplace* betont, sahen wir im ersten Jahr der Geburt von Millennial-Babys (1982) diese gelben Schilder »Baby an Bord« in den hinteren Fenstern einer brandneuen Form von Personenkraftwagen: dem Minivan.[17] Millennials sind von Anfang an mit dem Fokus auf sie aufgewachsen. Während Kinder der Generation X als »Schlüsselkinder« bezeichnet wurden, weil sie sich nach der Schule in ihre eigenen Häuser oder Wohnungen (ohne Erwachsene) einlassen mussten, wurden Millennials von klein auf von einem oder beiden

---

[17] Neil Howe und Reena Nadler, *Millennials in the Workplace: Human Resource Strategies for a New Generation* (Lifecourse Associates, 2010).

Elternteilen zum Fußballtraining, Geburtstagsfeiern oder vorgeplanten »Spielterminen« mit Gleichaltrigen gefahren.

Die ständige Präsenz von Erwachsenen im Leben der Kinder führte dazu, dass beide Gruppen mehr auf dem gleichen Niveau waren. In früheren Generationen, als Kinder und Erwachsene zusammen im selben Raum waren, wurden die Kinder weitgehend ignoriert, während die Erwachsenen Themen für Erwachsene diskutierten. Heutzutage interagieren Erwachsene direkt mit Millennial-Kindern in unterschiedlichen Umgebungen – in einigen Fällen unter gegenseitige Verwendung des Vornamens. Und wenn die Kinder zum Spielen weggehen, sprechen die Erwachsenen normalerweise über Themen wie die schlechte Verwaltung der Jugendabteilung des Fußballvereins oder das Dilemma darüber, welche Art von Lehrergeschenk sie kaufen sollen. Das Leben von Erwachsenen (von Eltern sowieso) ist mit dem Leben von Kindern verflochten.

**Infolgedessen haben Millennials einige der traditionellen Grenzen zwischen sich und Autoritätsfiguren verwischt.** Es ist wahrscheinlicher, dass sie ihre Eltern als »Freunde« und »Gleichgestellte« identifizieren, und wenn sie ins Arbeitsleben eintreten, kann ihr Verhalten manchmal ihre Boomer- und Xer-Manager verwirren, die mit strengeren hierarchischen Strukturen aufgewachsen sind.

In einem großen Gesundheitsunternehmen erzählte ein Manager die Geschichte eines jungen Millennial-Mitarbeiters, der tatsächlich einen der Vizepräsidenten eines Geschäftsbereichs auf dem Flur anhielt, um ihm eine Frage zu stellen. Die älteren Mitarbeiter, die die Interaktion miterlebten, waren schockiert und entsetzt. Sie wussten, dass das korrekte Protokoll darin bestehen würde, dem Assistenten des Vizepräsidenten eine E-Mail zu senden, um einen Termin zu erhalten, aber eine so langsame und indirekte Route wäre dem Millennial niemals in den Sinn gekommen – und zwar nicht nur wegen Unerfahrenheit und mangelnder Kenntnis der Regeln, sondern weil ihm wahrscheinlich Zeit seines Lebens diese Art von Zugang nie verweigert worden war.

# Was nun?

Was bedeutet das alles? Wie bereits erwähnt, ist die Millennial-Generation zufällig die größte Generation in der Geschichte der Vereinigten Staaten, und sie bewegt sich jetzt in Managementpositionen. Wir haben jedoch nicht die Trends vorgestellt, die diese Generation prägen, um Sie davon zu überzeugen, den Millennials ähnlicher zu werden. Die Millennials sind nicht diejenigen mit den Antworten – keine einzelne Generation ist jemals diejenige, die die Dinge völlig richtig macht. In diesem Moment der Geschichte ist es jedoch entscheidend, dass wir verstehen, wie das soziale Internet, die Fülle, die Vielfalt und der erhöhte Status von Kindern das Millennial-Weltbild geprägt haben, weil diese Dinge uns einen Blick in die Zukunft ermöglichen. Die Millennials dienen uns allen als eine Art »geheimer Decodierung« und geben den zugrunde liegenden Trends Ausdruck, die uns zu einem bedeutenden Wandel führen.

Und die Millennials sind nur eine »Front« in diesem perfekten Sturm. Der Verfall unseres mechanisch fokussierten Managements sollte uns auch einige Lektionen über das, was kommen wird, beibringen, ebenso wie die Revolution im sozialen Internet einige Einblicke in Führung und Management liefern sollte, nicht nur in Marketing und Kommunikation. **Der springende Punkt bei der Identifizierung der verschiedenen Kräfte, die einen perfekten Sturm ausmachen, besteht darin, herauszufinden, wie man so sicher wie möglich durch den Sturm navigiert.** Das ist heute unsere Herausforderung, und das ist der ultimative Schwerpunkt dieses Buches.

In den nächsten vier Kapiteln werden vier Schlüsselfähigkeiten vorgestellt, die Unternehmen entwickeln müssen, um diese bevorstehende Revolution im Geschäftsleben vollständig zu bewältigen: *Digital sein, Klar sein, Flexibel sein* und *Schnell sein*. Sie sind aus unserer Forschung und Erfahrung mit hochmodernen Organisationen und mit Millennials selbst hervorgegangen. Wir glauben, dass sie Ihnen dabei helfen können, die aktuellen Trends zu erfassen. Der Verfall unserer mechanisch fokussierten Managementphilosophie, der revolutionäre Einfluss des sozialen

Internets und die einzigartigen Eigenschaften der Millennial-Generation – jetzt, da Sie sehen, wie diese großen Trends zusammenpassen, können Sie die Anpassungen vornehmen, die Sie zur Steuerung Ihres Schiffes in einen sicheren Hafen benötigen – und weiter, um in Zukunft wirklich Erfolg zu haben.

Lassen Sie uns anfangen.

;-)

# 3. Digital sein

Vor einigen Jahren haben sich einige Kunden von Amazon.com direkt bei Jeff Bezos, CEO von Amazon, über Marketing-E-Mails beschwert, die sie erhalten haben und die für einige intime Produkte warben. Es stellte sich heraus, dass diese Kunden einmal die Seiten für personenbezogene Gleitmittel besucht hatten, die bei Amazon verkauft wurden. Das Amazon-System verwendet ständig Algorithmen, um Kunden Empfehlungen zu geben, die auf den von ihnen besuchten Seiten basieren, und es widmet Seiten, die besucht wurden, aber keinen Kauf generiert haben, besondere Aufmerksamkeit. Während die Kunden diese gezielten Empfehlungen im Allgemeinen zu schätzen wissen, schien dies bei diesen sehr persönlichen (und sehr intimen) Produkten nicht der Fall zu sein. Wenn die Kunden unglücklich sind, ist Herr Bezos unglücklich (falls Sie sich gefragt haben: Der Bogen zwischen A und Z im Amazon-Logo ist ein Lächeln). Die Beschwerden führten zu einem angespannten Treffen zwischen Bezos und einer Reihe von Führungskräften des Unternehmens, einschließlich des Vizepräsidenten für weltweites Marketing.[18]

Bezos ursprüngliche Position in der Besprechung bestand darin, den Versand der Marketing-E-Mails von Amazon zu einhundert Prozent zu stoppen, bis das Problem gelöst war. Dies war eine Option von nuklearem

[18] Brad Stone, *The Secrets of Bezos: How Amazon Became the Everything Store*, Bloomberg BusinessWeek, October 10, 2013, http://www.businessweek.com/articles/2013-10-10/jeff-bezos-andthe-age-of-amazon-excerpt-from-the-everything-store-by-bradstone#p1 (aufgerufen am 20. Dezember 2014).

Ausmaß, da diese durch einen Algorithmus gesteuerten Marketing-E-Mails jedes Jahr einen Umsatz von Hunderten Millionen Dollar erzielten. Das Umsatzpotenzial hat Bezos jedoch nicht beeinflusst. Er war der Ansicht, **kein Umsatz könnte es rechtfertigen, das Vertrauen des Kunden in das Unternehmen zu stärken**. Als Kompromiss haben sie schließlich die E-Mail-Vermarktung für einige der Produktsegmente von Amazon eingestellt und schließlich ein Filtersystem eingeführt, das verhindert, dass bestimmte Produktkategorien per E-Mail beworben werden.

Meetings wie dieses, die zur Lösung von Problemen auf der Grundlage des Feedbacks einiger weniger Kunden einberufen werden, sind bei Amazon keine Seltenheit. Viele der Kundenbeschwerden, die den E-Mail-Posteingang von Bezos erreichen, werden mit einem einzigen von Bezos hinzugefügten Zeichen an relevante Mitarbeiter weitergeleitet: einem Fragezeichen. Nicht alle E-Mails mit Fragezeichen führen zu einem Treffen der höchsten Führungskräfte, aber alle erhalten intern eine Antwort von den Mitarbeitern. Es ist ein interessantes Paradox, dass ein Unternehmen mit einer Größe von Amazon (fünfundsiebzig Milliarden US-Dollar Jahresumsatz) Mitarbeiter entsendet, um Probleme auf der Grundlage des Feedbacks einiger einzelner Kunden zu lösen. Schließlich wurde das Wachstum durch viel umfassendere Datenanalysen zum Kundenverhalten vorangetrieben. Diese Algorithmen, die auf nahezu magische Weise das perfekte Zusatzprodukt vorschlagen, basierend auf dem, was Sie Ihrem Warenkorb hinzugefügt haben, analysieren riesige Datenmengen – nicht die anekdotischen Erfahrungen eines oder zweier Kunden.

Aber bei Amazon geschieht beides, es ist kein entweder oder. Die Big-Data-Analyse ist wesentlich, aber auch die einzelnen Storys sind wichtig. Jeff Wilke, Senior Vice President für das nordamerikanische Einzelhandelsgeschäft von Amazon, meinte in *Business Week*:

> *Jede Anekdote eines Kunden ist wichtig. Wir untersuche jede von ihnen, weil sie uns etwas über unsere Prozesse erzählen. Es ist ein Audit, das von unseren Kunden für uns durchgeführt wird. Wir behandeln sie als wertvolle Informationsquellen.*[19]

---

[19] Brad Stone, *The Secrets of Bezos.*

**Kunden sind wertvoll. Sie sind einzigartig und unterscheiden sich voneinander, und im digitalen Zeitalter ist es unsere Verantwortung geworden, ihre Bedürfnisse trotz der scheinbar unendlichen Unterschiede zu verstehen und zu erfüllen.** Im Industriezeitalter konnte Henry Ford damit durchkommen, dass er bekannt gab, dass Kunden ihr Modell in jeder gewünschten Farbe erhalten konnten, solange es schwarz war. So etwas ist im digitalen Zeitalter unpopulär. Heute können wir dem CEO eine E-Mail senden (ja, Jeff Bezos hat eine öffentlich zugängliche E-Mail-Adresse) und tatsächlich Maßnahmen erwarten.

## Was ist *Digital sein*?

Wir haben *Digital sein* als erste der vier zu untersuchenden Fähigkeiten ausgewählt, da es in vielerlei Hinsicht das offensichtlichste Merkmal der Millennial-Generation sein kann und das erste, was Millennial-Mitarbeiter vor allem durch den Einsatz sozialer Technologien in den Vordergrund rücken werden. Es ist nicht verwunderlich, dass Amazon.com im heutigen digitalen Zeitalter führend ist. Amazon war einer der ersten Online-Händler, die bereits in den 1990er Jahren ihr Geschäft eröffnet haben. Es überlebte nicht nur die Dotcom-Blase; es ist gewachsen, um den Markt mittlerweile vollständig zu dominieren, und expandiert nun in andere Bereiche, darunter in den Unternehmensbereich für Webdienste im Wert von mehreren Milliarden Dollar und in ein Unternehmen, das versucht, die Kosten für die Raumfahrt zu senken. Und erst heute, fast zwanzig Jahre nach seiner Gründung, erwägt Amazon die Eröffnung eines Einzelhandelsgeschäfts. Seine bisherige Existenz war rein digital.

### Benutzer zuerst

Aber Sie müssen kein Online-Händler oder gar ein Technologieunternehmen sein, um zu verstehen, was es bedeutet, digital zu sein. **Der Einsatz digitaler Technologie ist natürlich ein Teil davon, aber es geht wirklich mehr um eine digitale Denkweise.** Es geht darum, auf eine Weise zu organisieren und zu arbeiten, die das nutzt und aufbaut, was die digitale Technologie in der heutigen Welt ermöglicht hat.

Die obige Amazon-Geschichte zeigt eine der Schlüsselkomponenten der digitalen Denkweise: einen unablässigen und disziplinierten Fokus auf den Kunden. Mit Computern und dem Internet kann Amazon das Kundenverhalten auf eine Weise analysieren, von der wir vor fünfzig Jahren nur träumen konnten, was Amazon ermöglicht, Kunden – Millionen von ihnen – maßgeschneiderte Nachrichten zu senden, die auf ihrem spezifischen Verhalten und Geschmack basieren. Die digitale Technologie hat uns darauf aufmerksam gemacht, dass Kunden tatsächlich »kostbare« Ressourcen sind, wie der Amazon-Manager betonte, und nicht nur gesichtslose Geldbörsen, die unsere Produkte und Dienstleistungen kaufen.

Diese Art von Denkweise kann genauso einfach angewendet werden, ohne digitale Technologie zu verwenden. Die Happy State Bank ist eine große Gemeinschaftsbank in Texas, die sich ebenfalls unablässig und diszipliniert auf den Kunden konzentriert, deren persönliche Interaktion jedoch eine größere Rolle spielt als die Technologie. (Weitere Informationen zur Happy State Bank finden Sie in Kapitel 6.) Die Kultur der Bank basiert auf einer intensiven Kundenbetreuung, z. B. wenn ein Kunde Anmeldeprobleme beim Online-Banking-System hat. Es ist nicht ungewöhnlich, dass ein Bankangestellter tatsächlich in sein Auto steigt, zwanzig Meilen oder mehr zum Haus des Kunden fährt und dem Kunden hilft, sich anzumelden (und möglicherweise auch den Internet-Router zum Laufen bringt). Unabhängig davon, ob sie Technologie oder persönlichen Kontakt einsetzen, bei Unternehmen, die die digitale Denkweise bevorzugen, dreht sich alles um ihre Kunden.

### Persönlicher Service

In dieser Lektion geht es jedoch nicht nur um exzellenten Kundenservice. **Bei der digitalen Denkweise geht es darum, eine personalisierte Fokussierung auf den Kunden – und zwar auf alle Kunden – einzusetzen, die in der vorherigen Ära einfach unmöglich war.** Vor dem digitalen

Zeitalter konnten sich Unternehmen nur auf eine kleine Anzahl von Kunden konzentrieren, in der Regel diejenigen, die zu einem bestimmten Zeitpunkt im Geschäft waren, die am meisten kauften oder die langfristig am profitabelsten waren. Da es unmöglich war, sich auf alle Kunden zu konzentrieren, haben sich die Unternehmen speziell mit den wertvollsten befasst. Denken Sie an die Aufmerksamkeit eines Casinos auf seine »High Roller«. Angesichts des hohen Geschäftsvolumens, das diese Personen in das Casino bringen, schenkte das Management ihnen besondere Aufmerksamkeit. Wenn ein High-Roller eine besonders unglückliche Nacht hat, kann das Casino einige individuelle Reaktionen in Echtzeit anbieten, wie zum Beispiel zusätzliche Übernachtungen ohne Berechnung oder kostenlose Abendessen.

Im digitalen Zeitalter steht diese Art von Aufmerksamkeit nun einer viel größeren Gruppe von Kunden zur Verfügung, auch in den heutigen Casinos. Caesar's Entertainment sammelt im Rahmen seines Treueprogramms eine große Menge an Transaktionsdaten von allen Kunden, sodass es einer viel größeren Anzahl von Kunden einen solchen High-Roller-Service bieten kann. Wie Gary Loveman, CEO von Caesar's, sagte:

> *Sie können es sich einfach nicht erlauben zu versäumen, die zig Millionen Menschen zu bedienen, die die Mitte des Marktes ausmachen.*[20]

Im digitalen Zeitalter wurden die Wettbewerbsbedingungen in verschiedenen Kontexten drastisch ausgeglichen. Dies eröffnet neue Möglichkeiten für ein effektiveres Marketing, einen effektiveren Kundenservice und ein noch effektiveres internes Management.

---

[20] George Westerman, Didier Bonnet, und Andrew McAfee. *Leading Digital: Turning Technology into Business Transformation* (Boston: Harvard Business Review Press, 2014), 40.

## Innovieren oder sterben

Digitale Unternehmen verbessern sich ständig. Mit anderen Worten, sie setzen sich für Innovationen ein. *Innovation* ist in der Geschäftswelt ein bisschen ein Modewort, aber es ist wichtig, dass wir sie in diesem Zusammenhang klar definieren. Einige Leute denken bei *Innovation* an die Entwicklung neuer Produkte, andere setzen das Wort einfach mit einer allgemeinen Veränderung gleich. Es ist mehr als das. Wir glauben, dass Innovation auf Wertschöpfung ausgerichtet ist, wie in der folgenden Definition ausgedrückt:

**Innovation ist Veränderung, die neuen Wert freisetzt.**

Es geht nicht nur darum, Werte zu schaffen – es geht darum, sie freizuschalten. Innovation ist eine spezielle Art von Veränderung, die erkennt, dass in den alten Methoden, Dinge zu tun, ein Wert gefangen ist, der nicht allein durch schrittweise Verbesserungen befreit werden kann. Innovation macht Veränderungen, die tief genug greifen, um den neuen Wert tatsächlich freizuschalten. Es geht nicht nur darum, auf Ihrem alten Klapp-Handy den Empfang zu verbessern. Innovation verändert das Spiel, um neuen Wert zu schaffen, wie es das iPhone getan hat.

Innovation war schon immer das Herzstück sowohl der digitalen Technologie als auch der digitalen Denkweise. Es geht um kontinuierliche Verbesserung und die Entwicklung von Systemen, die die Dinge ständig verbessern können. Software ist ein Produkt, das im Grunde nie fertig ist. Jede neue Version ist besser als die vorherige. Die digitale Denkweise erwartet Innovation.

*[Meine Firma] beschäftigt sich mit »Red Taping«! Dies ist ein Prozess, in dem Teams gebildet wurden, die sich auf bestimmte Elemente einer Technologie konzentrieren, um nicht nur auf dem neuesten Stand zu sein, sondern auch innovativ zu denken und mögliche Ansätze zu verfolgen. Diese Teams bestehen aus mehreren Personen, die mehrere Rollen innerhalb des Unternehmens berühren. Mit Red Taping können die ausgewählten Personen in ihrem Bereich federführend sein und die Informationen über Unternehmensbesprechungen an das Unternehmen weitergeben.*

- Ein Millennial, geb. 1984

Aus diesem Grund denken wir an ikonische Technologieunternehmen wie Apple oder Google, wenn wir an Innovation denken. Sie sind Game Changer und sie sind nicht allein. Innovation und Disruption (ein weiteres Modewort, das jedoch sichtbare Wellen in der unruhigen See unseres perfekten Sturms beschreibt) sind zu einem festen Bestandteil der Geschäftswelt geworden, insbesondere wenn es um digitale und mobile Technologie geht. Die Firma Square bricht mit den Grundlagen des Kreditkartenzahlungssektors, indem es einer Person mit lediglich einem Smartphone und einem Bankkonto ermöglicht, Kreditkartenzahlungen zu akzeptieren. Uber hat die Taxi- und Mietlimousinenbranche mit einer Mitfahr-Smartphone-App gestört; eine App, mit der Einzelpersonen Geld verdienen können, indem sie Fahrten mit ihrem eigenen Auto anbieten können. Airbnb erschüttert die Hotelbranche, indem es Einzelpersonen ermöglicht, jede Nacht ihre eigenen Häuser, Apartments oder sogar Spa-Räume zu vermieten. Anstatt diesen Trend zu bekämpfen, könnten einige Hotels auf diese Innovationswelle aufspringen. Marriott bietet jetzt ein Workspace-on-Demand-Programm an, mit dem Sie ungenutzte Marriott-Besprechungsräume mithilfe der Technologie des Bürorauminnovators LiquidSpace (ähnlich wie Airbnb, jedoch für Besprechungsräume) anmieten können. **Unternehmen, die sich der digitalen Denkweise verschrieben haben, können das Angebot von Geschäftsprodukten optimieren, Geschäftsmodelle erneuern und sogar interne Managementprozesse innovieren, wobei der Schwerpunkt auf kontinuierlicher Verbesserung liegt.**

Um es noch einmal zusammenzufassen: Organisationen, die sich der digitalen Denkweise verschrieben haben:

- Stellen den Kunden oder Benutzer bei der Entscheidungsfindung an die erste Stelle.
- Bieten einem viel größeren Prozentsatz der Kunden individuelle Aufmerksamkeit.
- Steigern ihr Engagement für Innovation und kontinuierliche Verbesserung.

Organisationen nutzen verstärkt digitale Tools, um diese Denkweise voll zu nutzen, wobei dies nicht der einzige Weg ist. Denken Sie daran, dass die Revolution im sozialen Internet durch eine Verschiebung des Kräfteverhältnisses weg von Organisationen hin zu Einzelpersonen ausgelöst wurde. Aus diesem Grund konzentriert sich die digitale Denkweise auf Benutzer und Kunden und erwartet, dass die Dinge ständig wachsen und sich ändern.

## Warum Millennials sich für *Digital sein* interessieren

Und raten Sie mal, wer diese Erwartungen noch teilt: Millennials. Die Millennial Generation wird nicht auf den Rest von uns warten, die die digitale Revolution aufholen wollen. Als erste Generation von *Digital Natives*, also voll im Digitalen beheimatet, fällt es ihnen schwer zu verstehen, warum die Art und Weise, wie Dinge in Organisationen heute gemacht werden, die die heutige digitale Realität zu ignorieren scheint. In einem Gespräch darüber, stellte ein Millennial eine sachdienliche, rhetorische Frage und bezog sich dabei auf die Kollegen von Boomer und Xer in seiner Organisation: *Warum verwenden sie E-Mails, um Sofortnachrichten zu senden?*

Millennials, die in die Arbeitswelt eintreten, haben bereits Jahre damit verbracht, unter Benutzung einer Vielzahl digitaler Tools mit Freunden und Kollegen zu kommunizieren. So sehr dies die Kritik älterer

Generationen hervorruft, die befürchten, dass entweder die Schreibfähigkeiten oder ihre sozialen Fähigkeiten als Folge davon abgenommen haben, bringt die digitale Kompetenzbasis der Millennials tatsächlich ein differenzierteres Verständnis darüber mit sich, welche Tools für welche Zwecke funktionieren.

Nehmen wir an, eine ältere Vorgesetzte geht in ungefähr fünfzehn Minuten zu einem Meeting mit einem Verkäufer und stellt fest, dass ihr einige Informationen fehlen. Deshalb schickt sie eine kurze E-Mail an einen Millennial ab, in der sie danach fragt. Ein paar Minuten später, als sie keine Antwort erhalten hat, folgt ein Anruf, der mit einem der nervigsten Sätze der heutigen Geschäftswelt beginnt: »Hey, hast du meine E-Mail erhalten?«

Für die Millennial-Mitarbeiterin (die die E-Mail noch nicht gesehen hat) ist es tatsächlich verwirrend, dass ihre Vorgesetzter E-Mails verwendet, wenn sie eine sofortige Antwort benötigt. Warum sollte sie nicht einfach den Instant Messaging-Client verwenden?

Auf dem Bildschirm des Mitarbeiters (sowohl auf dem Computer als auch auf dem Telefon) wird eine Benachrichtigung angezeigt, die man sofort sieht. Angesichts des E-Mail-Volumens, das dieser Mitarbeiter erhält, kann nicht jede E-Mail-Benachrichtigung auf dem Bildschirm angezeigt werden. Die einzige Möglichkeit, die E-Mail sofort zu sehen, besteht darin, dass man die E-Mails alle zwei Minuten überprüft, was unglaublich ineffizient ist.

*Wir verwenden keine Projektmanagement-Tools und investieren nicht in neue Technologien oder Upgrades, um unseren Kunden ein großartiges Online-Erlebnis zu bieten. Ich habe das Gefühl, wir hängen immer ein oder zwei Jahre zurück - und es ist immer eine holperige Fahrt, dorthin zu gelangen, wo wir hin wollen. Ich weiß nicht, ob unser Unternehmen zu ängstlich ist, in neue Programme zu investieren (da es so viele gibt), aber bald muss sich etwas ändern.*

- Millennial, geb. 1989

Millennials können nicht nur digitale Werkzeuge leicht handhaben. Sie verstehen, dass das Werkzeug selbst und ihr eigener Komfort nicht so wichtig sind, wie das richtige Werkzeug für den richtigen Job zu finden.

Wenn das E-Mail-Volumen die ständige Überprüfung ineffizient macht, wechseln sie zu einem anderen Tool, das für die sofortige Kommunikation besser geeignet ist. Sie verwenden gerne SharePoint für das Projektmanagement, aber nicht, wenn ein Gruppen-Wiki besser funktionieren würde. Sie verstehen, dass Lösungen in der digitalen Welt einfach nicht dauerhaft sind:

> *Ich denke, wir haben eine Denkweise angenommen, dass nichts jemals »getan« ist. Eine Website wird nie fertig erstellt sein, Ihr E-Mail-Marketing-Programm ist möglicherweise veraltet, es gibt möglicherweise ein besseres LMS (Learning Management System) für uns ... und so weiter. Es ist ein wenig entmutigend, aber ich denke, die Idee ist, sich ständig über neue Technologien zu informieren, interne Gespräche darüber zu führen und sich mit anderen Fachleuten zu vernetzen - denn meistens machen sie die gleichen Dinge durch.*

Millennials leben komfortabel in einer digitalen Welt, in der kontinuierliche Verbesserungen und Lernen die ganze Zeit geschieht. Tatsächlich sind sie ein wenig verwirrt darüber, dass ihre älteren Kollegen nicht den gleichen Schwerpunkt auf Lernen und Entwicklung legen:

> *Ich denke, dass die Geschäftsleitung einige großartige Möglichkeiten verpasst, einige großartige Tools kennenzulernen und zu nutzen. Ich verstehe natürlich, dass viele Dinge ihre Zeit beanspruchen, und manchmal haben andere Dinge Priorität, aber ich würde gerne mehr von der »Liebe zum Lernen« unter leitenden Angestellten sehen. Als jemand, der noch ziemlich am Anfang seiner Karriere steht, ist eine meiner Hoffnungen und Ziele, dass ich meine tiefe Liebe zum Lernen behalten werde, egal wo ich mich weiter in meiner Karriere befinde.*

Als wir Millennials nach den größten Änderungen fragten, die Unternehmen vornehmen mussten, um Top-Talente zu halten, wiesen mehrere auf eine bessere Mitarbeiterentwicklung hin.

Millennials werden in der Regel als »anspruchsvoll« charakterisiert, da sie bereits früh in ihrer Karriere vieles für sich selbst verlangen, aber es ist weniger ein Persönlichkeitsmerkmal der Generation als vielmehr ihre Grunderfahrung, da sie im digitalen Zeitalter aufgewachsen sind.

Auf jeden Fall wird der Druck, Talente anzuziehen und zu halten, zunehmen, da Millennials einen immer größeren Prozentsatz der Belegschaft ausmachen, was die digitale Denkweise in Ihrem Unternehmen noch wichtiger macht.

## Wie *Digital sein* aussieht

Der erste Ort, an dem jeder sucht, wenn er versucht, eine wirklich digitale Organisation zu identifizieren, ist die Technologieseite. Haben Mitarbeiter immer Zugang zu der topaktuellen Technologie? Ist das Unternehmen voll und ganz in den sozialen Medien vertreten? Hat es interne soziale Netzwerkfunktionen über eine Online-Community, ein Intranet oder ein Tool zur Sortierung von Sofortnachrichten wie Yammer eingerichtet? Sie haben das Gefühl, dass eine Firma nicht als *digital* bezeichnet werden kann, wenn die Organisation nicht randvoll von Hipstern ist, die in Coffeeshops auf ihren MacBooks, iPads und Smartphones gleichzeitig arbeiten.

Das ist zu einseitig. Die digitale Technologie zu nutzen ist sicherlich ein Teil davon, aber es ist wirklich nur ein Mittel zum Zweck. **Das Ende ist in diesem Fall die vollständige Übernahme der Grundprinzipien dessen, was *Digital sein* bedeutet: Kunden oder Benutzer an die erste Stelle zu setzen, nicht nur die Spitze, sondern auch die in der Mitte, und kontinuierlich Innovation und Verbesserung durchführen.** Sie können Technologie verwenden, um diese Ergebnisse zu erzielen, müssen dies aber nicht. Die Firma *Menlo Innovations* (sie wird ausführlich in Kapitel 4 besprochen) ist ein Softwareunternehmen, das den Benutzer definitiv in den Vordergrund stellt, aber einige seiner Praktiken würden eher als »analog« als digital angesehen. Intern verwenden die Mitarbeiter keine E-Mails oder Instant Messaging (Echtzeit Kommunikationsmethode). Sie alle arbeiten in einem großen Raum zusammen und verwenden daher die sogenannte »Hochgeschwindigkeits-Sprachtechnologie«, um zu kommunizieren. Wenn sie Informationen benötigen, schauen sie sich einfach in die Augen und sprechen miteinander. (Verrückt, nicht wahr?!) Ihre Recherchen zum Kundenerlebnis werden nicht in erster Linie über das Internet durchgeführt. Stattdessen senden sie Mitarbeiter, die sie als »High-Tech-Anthropologen« bezeichnen, in die Umgebung des Kunden, um diese Welt persönlich aus erster Hand zu erleben. Sie setzen auf digitale Prinzipien, ohne sich übermäßig auf die Technologie zu verlassen.

Wenn Sie Technologie einsetzen möchten, um die digitalen Prinzipien der Benutzerorientierung, Personalisierung und Innovation zu berücksichtigen, ist dies natürlich auch in Ordnung. Die TD Bank ist bekannt für ihren umfassenden und geschickten Einsatz von Social Media, obwohl sie in der stark regulierten Bankbranche tätig ist. Die interne Nutzung sozialer Medien hat ihr geholfen, die digitale Mentalität zu leben und Innovationen und kontinuierliche Verbesserungen zu unterstützen. In einem Fall äußerte eine Auszubildende intern Frustration über einen papierbasierten Prozess, von dem sie glaubte, dass er online besser durchgeführt werden könnte, und als viele andere Mitarbeiter diese Einschätzung auf der internen Netzwerkseite der Bank teilten, nahm der Verantwortliche dazu Stellung und änderte den Prozess. Genau so sollten digitale Technologien (und die digitale Denkweise) verwendet werden, um Innovationen und kontinuierliche Verbesserungen zu ermöglichen.

*Wenn Sie wie wir eine Plattform für soziale Zusammenarbeit haben, auf der jedes Projekt frei zugänglich ist und Sie auf alle Arten von Informationen zugreifen können, brauchen Sie nicht mehr. Die einzige Grenze dafür ist, dass unsere Suchmaschine nicht die beste der Welt ist …*

- Millennial, geb. 1987

Die TD Bank setzt Social Media auch für ihren Kundenservice ein. Engagierte Mitarbeiter reagieren bei Kundenproblemen auf öffentlichen Social Media-Websites. Diese Interaktionen werden sorgfältig überwacht und archiviert, um sicherzustellen, dass sie den Vorschriften entsprechen. Dies hindert die Mitarbeiter jedoch nicht daran, die Kunden dort zu treffen, wo sich diese befinden.[21] **Diese digitalen Praktiken basieren auf einer Kultur, bei der der Kunde ausdrücklich an erster Stelle steht.** Laut Vinoo Vijay, Marketingchef bei TD:

> *Der Schlüssel zur guten Nutzung von [Social Media] liegt darin, wirklich treu zu bleiben, wer Sie als Unternehmen sind und wofür Sie stehen. ... und was uns betrifft, ist das Service und Bequemlichkeit. Solange wir dies auf allen Plattformen, einschließlich sozialer Netzwerke, anbieten, wissen wir, dass wir weiter wachsen werden.*[22]

Mit anderen Worten, die Werkzeuge sind nur Werkzeuge. Erst die Nutzung dieser Werkzeuge auf eine Weise, die mit Ihrer Kultur übereinstimmt, macht Sie wirklich zu einer digitalen Organisation.

Diese Verbindung zur Kultur ist entscheidend. **Wirklich digitale Unternehmen integrieren die Prinzipien der Digitalität in die Struktur der Organisation.** Dieser scharfe Fokus auf den Kunden oder Benutzer führt also tatsächlich zu einem ebenso scharfen Fokus auf den Mitarbeiter, nicht nur auf den Manager oder die Führungskräfte in der Organisation. Um einen umfassenderen Service oder eine umfassendere Aufmerksamkeit für dieses breite mittlere Segment Ihres Marktes bereitzustellen, müssen Sie auch in der Lage sein, auf die Bedürfnisse eines viel höheren Prozentsatzes Ihrer Mitarbeiter einzugehen und nicht nur auf Ihre Stars. Das Engagement für Innovation und Verbesserung muss gleichmäßig auf Ihre Produkte und Dienstleistungen sowie Ihre internen Prozesse und Kapazitäten verteilt werden.

---

[21] David F. Carr, »TD Bank's Social Strategy: Start Small, Think Big«, *InformationWeek,* http://www.informationweek.com/enterprise/tdbanks-social-strategy-start-small-think-big/d/d-id/1102358 (aufgerufen am 20. Dezember 2014).

[22] Ric Dragon, »The Big Brand Theory: TD Bank's Social Customer Service«, *Social Media Today,* http://www.socialmediatoday.com/content/big-brand-theory-td-banks-social-customer-service (aufgerufen am 20. Dezember 2014).

# Fallstudie: Amerikanische Gesellschaft für Handchirurgie

Um Ihnen zu zeigen, wie dies aussieht, möchten wir Ihnen eine Organisation vorstellen, die nicht dem Stereotyp für digitale Zauberei entspricht: eine kleine gemeinnützige Organisation. Die American Society for Surgery of the Hand (ASSH) ist eine gemeinnützige Mitgliederorganisation, die sich der Weiterentwicklung der Wissenschaft und Chirurgie, der Hand- und der oberen Extremitäten spezialisiert hat. Nach dem Zweiten Weltkrieg von einer kleinen Anzahl von Militärärzten gegründet, hat die ASSH nunmehr etwa dreitausendfünfhundert Mitglieder, und ASSH sowie die Gruppe verwandter Organisationen, die alle von den Mitarbeitern selbst geführt werden, erzeugen mehr als dreizehn Millionen Dollar Umsatz jährlich aus einer Vielzahl von Quellen einschließlich wissenschaftlicher Treffen, Zeitschriften und Online-Ressourcen. ASSH hat nur zweiundzwanzig Vollzeitbeschäftigte (FTEs, Full time Employee), aber wie alle Mitgliederorganisationen ist auch ASSH auf eine engagierte Gruppe freiwilliger Führungskräfte angewiesen, um seine Mission zu erfüllen.

### Sie investieren mehr in Technologie

Trotz der geringen Größe von ASSH wird relativ viel in Technologie investiert. Jeder Mitarbeiter hat die Wahl zwischen einem Apple MacBook oder einem Laptop (der alle zwei Jahre durch einen neuen ersetzt wird). Darüber hinaus erhält er entweder ein iPad oder ein Android-Tablet. Das VOIP-Telefonsystem von ASSH läuft über das Internet, und jeder Mitarbeiter verfügt über ein Headset, sodass Anrufe am Schreibtisch des Mitarbeiters über den Computer oder praktisch überall über den Laptop oder das Tablet entgegengenommen werden können, einschließlich auf der Dachterrasse (die über WLAN verfügt) oder von Zuhause aus. Sechs der zweiundzwanzig Vollzeitstellen von ASSH arbeiten in Vollzeit an IT- oder technologiebezogenen Projekten. Das sind 27 Prozent der Mitarbeiter (ohne den Prozentsatz der Zeit, die andere für technologiebezogene

Aufgaben aufwenden) und das in einem gemeinnützigen Sektor, der im Durchschnitt nur 4,1 Prozent seines Jahresbudgets für Technologie (sowohl Hardware als auch Software)[23] ausgibt. ASSH-Mitarbeiter verwenden interne Instant Messaging-Software. Die ASSH-Website funktioniert auch auf Ihrem mobilen Gerät. Kurz gesagt, ASSH ist digital.

Eines der Hauptprojekte bei ASSH ist eine digitale Initiative namens »Hand-e«. (Überzeugen Sie sich selbst unter www.assh.org/hand-e.) Es handelt sich um ein E-Learning-Portal, in dem die Organisation daran arbeitet, alle einzelnen digitalen Inhalte, die jemals von der Vereinigung und ihren Mitgliedern erstellt wurden, in einem einzigen Online-Portal zu platzieren. Dies sind nicht nur archivierte Newsletter. Das Portal enthält Tausende von Stunden Streaming-Video von tatsächlichen Handoperationen sowie Konferenzpräsentationen und Online-Kurse für Chirurgen. Der Inhalt steht ASSH-Mitgliedern kostenlos zur Verfügung und kann über ein Jahresabonnement für Nichtmitglieder erworben werden. Mitglieder können auch Videos einreichen. Die Idee ist, dass Handoperationen besser werden, wenn diese Informationen in den Händen der Personen liegt, die die Arbeit ausführen. Das Internet macht dies möglich, daher hat ASSH keine Zeit damit verschwendet, dies auch tatsächlich zu ermöglichen. Weniger als ein Jahr nach der Inbetriebnahme des Portals befanden sich bereits mehr als fünfhunderttausend einzigartige Inhalte darauf. Tatsächlich wurde das Konzept selbst in einer Brainstorming-Sitzung von Mitgliedern vor weniger als drei Jahren konzipiert.

### Sie konzentrieren sich auf die interne Kultur

**Was ASSH jedoch zu einer wirklich digitalen Organisation macht, ist die Art und Weise, wie deren interne Firmenkultur die Ideen von *Digital sein* genauso berücksichtigt wie seine Technologieinitiativen es tun.** Die oben erläuterte digitale Denkweise umfasst einen disziplinierten Fokus auf die Endbenutzer- und Benutzererfahrung sowie die Ermöglichung einer maßgeschneiderten und spezialisierten Behandlung, die

[23] Harrison Coerver und Mary Byers, *Race for Relevance: 5 Radical Changes for Associations* (Washington, DC: ASAE, 2011), 130.

bisher nur Eliten zur Verfügung stand. Das Hand-e-Projekt spiegelt diese digitalen Denkweisen wider, da es jedem Handchirurgen, der es möchte, das akkumulierte Wissen vieler anderer aus lebenslangen Erfahrungen bietet, aber diese Denkweise fließt auch in die Kultur innerhalb des Unternehmens ein.

Intern ist der »Benutzer« der Mitarbeiter. Vor einigen Jahren kaufte ASSH ein Gebäude und baute seine Büroräume aus. Als digitale Organisation konzentrierte man sich dabei auf die Benutzer – die Mitarbeiter. Die meisten Bürolayouts in den USA bieten Büros mit Türen nur für Manager, und die größeren Büros sind für die Manager weiter oben in der Befehlskette reserviert. Die am unteren Rand der Pyramide arbeiten in den berühmt-berüchtigten »Cubicles«, Mini-Kabinen mit teils nur halbhohen Trennwänden zum Nachbarn. Das liegt daran, dass die meisten Unternehmen bei der Gestaltung ihrer Räumlichkeiten nicht viel über ihre internen Benutzer nachdenken. Sie denken lediglich an die Menschen an der Spitze der Pyramide.

Bei ASSH befinden sich im Kernarbeitsbereich alle Mitarbeiter in einem großen Raum, wobei die Schreibtische in kleinen Gruppen miteinander verbunden sind. Der CEO hat genau die gleiche Schreibtischkonfiguration wie jeder andere Mitarbeiter in der Organisation. (Für den Fall, dass Sie glauben, dass dies nur in einem kleinen Non-Profit Unternehmen möglich ist: Tony Hsieh, CEO von Zappos, hat im Wesentlichen das gleiche Setup, und Andy Grove von Intel hat dies bereits in den 1990er Jahren getan.)

Aber es ist nicht nur die Gleichberechtigung, die dieses System von anderen unterscheidet. Das gesamte Büro ist so konzipiert, dass jeder Mitarbeiter genau den richtigen Platz findet, um seine Arbeit zu erledigen. Die Schreibtische selbst können automatisch angehoben und abgesenkt werden, um vom Sitzpult zum Stehpult zu wechseln. In einer Ecke des Büros haben sie »Tread-Desks« (Trittpulte) aufgestellt, an denen die Mitarbeiter gleichzeitig laufen und an ihren Laptops arbeiten können. Es gibt viele verschiedene ruhige Räume zum Arbeiten, angefangen von traditionellen Konferenzräumen mit Glaswänden bis hin zu einem »Yoga-Raum«, einem Café in der Nähe der Küche und einer Dachterrasse, die sowohl mit Steckdosen als auch mit WLAN ausgestattet ist. ASSH hat sogar eine »Innovationsranch«, einen großen Raum mit Bereichen, die die Kreativität anregen sollen, einschließlich eines »Lofts«, der genauer als Etagenbett bezeichnet werden könnte.

Wir wissen, was Sie denken, aber dies ist nicht nur ein Beispiel für einen dieser »coolen« Büroräume mit Tischfußball und Bier im Kühlschrank, die wir vom Tech-Boom gesehen haben. **Der Büroraum ist wirklich sorgfältig für die Mitarbeiter gestaltet.** Die Mitarbeiter können je nach Bedarf auswählen, wo im Büro sie arbeiten möchten. Eine Mitarbeiterin verbringt die meiste Zeit auf der Innovationsfarm, während der Finanzdirektor versucht, einen Großteil des Sommers vom Dach aus zu arbeiten. (Angesichts der Tatsache, dass ASSH in Chicago ansässig ist, wird er wahrscheinlich die meiste Zeit dort oben verbringen.) Und natürlich haben die Mitarbeiter zusätzlich zu dieser Vielfalt die Möglichkeit, einige Zeit von zu Hause aus zu arbeiten. Zwei Drittel der Mitarbeiter verbringen mindestens einen Tag in der Woche damit, remote (zu Hause) zu arbeiten. Die Investition von ASSH in Technologie bedeutet auch, dass die Remote-Arbeit keineswegs die Erledigung von Aufgaben verzögert oder die Mitarbeiter daran hindert, einander verfügbar zu sein. Als die Benzinpreise stiegen, erweiterte die Organisation die Richtlinien, um mehr Telearbeitstage zu ermöglichen. Eine Abteilung hielt die meisten seiner Besprechungen auf den Sofas im Eingangsbereich ab, obwohl sie vordergründig nicht dafür gedacht waren. So sieht ein disziplinierter Fokus auf den Mitarbeiter aus. Wenn es den Mitarbeitern hilft, Dinge zu erledigen, wird es ihnen zur Verfügung gestellt.

Deshalb investiert ASSH für seine Mitarbeiter in die richtige Technologie. Es ist teuer sicherzustellen, dass jeder sowohl den Laptop als auch das Tablet hat, welches er oder sie möchte, aber es ermöglicht den Mitarbeitern, mehr Arbeit zu erledigen. ASSH hat kürzlich beschlossen, sein Datenbanksystem – normalerweise einer der größten Kostenverursacher, die ein gemeinnütziger Verein jemals haben kann – zu ändern. Die Mitarbeiter wissen, dass dies viele bestehende Prozesse stören wird, aber das alte System war zu langsam und verhinderte, dass die Mitarbeiter ihre Arbeit erledigen konnten. **Angesichts der Wahl zwischen hart für die Organisation oder hart für den Mitarbeiter, wird ASSH sich für hart**

**für die Organisation entscheiden. Das ist der digitale Weg.** Denken Sie an Software-Design: Es mag schwierig und zeitintensiv sein, eine App zu entwerfen, die unter iOS, Android, Windows und (vielleicht) Blackberry funktioniert – und die verschiedenen Versionen von jedem dieser Betriebssysteme –, aber genau das werden digitale Unternehmen tun, weil sie wissen, dass ein benutzerorientierter, personalisierter Ansatz auf lange Sicht besser ist.

Und die Vorteile kommen allen zugute, nicht nur der Elite in der Organisation. Einsteiger sind nicht mit fünf Jahre alten Laptops mit fehlenden Rechtspfeiltasten konfrontiert. Jeder bekommt alle zwei Jahre neue Computer. Diese Denkweise verändert tatsächlich die Art und Weise, wie sie arbeiten. Wie ein Mitarbeiter sagte:

> *Dieser Ort kümmert sich mehr um uns, deshalb sollten wir uns mehr um diesen Ort kümmern.*

ASSH hat eine Firmenkultur entwickelt, in der jeder jedem hilft. Immer, wenn jemand Hilfe bei einem Projekt benötigt, werden Mitarbeiter aus allen Abteilungen aufgefordert, sich zu melden. Wenn Sie Hilfe bei einem Projekt benötigen, gibt es keine Ausnahme, wen Sie um Hilfe bitten können, und es besteht die Erwartung, dass Sie auch immer von irgendjemandem Hilfe erhalten. Da die Arbeitsabläufe niemals gleichmäßig verteilt werden können (z. B. sind die Konferenzplaner unmittelbar vor dem Jahrestreffen immer geschäftiger), hilft ein solches System ASSH dabei, die Arbeitslast effizient zu verwalten.

Diese Struktur ermöglicht es den Mitarbeitern auch, mehr am Arbeitsplatz zu lernen und in Bereichen außerhalb ihrer regulären Stellenbeschreibungen zu arbeiten. **Infolgedessen ändern sich die Stellenbeschreibungen häufig von Jahr zu Jahr, da sich aus dieser flexibleren Arbeitsregelung neue Stärken oder Leidenschaften ergeben.** Dies macht es für die Organisation schwerer. Der CEO führt die Mitarbeiterbewertung und Zielsetzung auf unterschiedliche Weise für verschiedene Personen durch und muss sich von Jahr zu Jahr anpassen, wenn sich die Verantwortlichkeiten ändern. Dies ermöglicht ihm jedoch, sich weiterhin darauf zu konzentrieren, große Talente anzuziehen und zu halten. Er ist regelmäßig in der Lage, Mitarbeiter aus der Unternehmenswelt für seine kleine gemeinnützige Organisation einzustellen, was normalerweise nicht die Richtung des Talentflusses in dieser Branche ist.

*Wir arbeiten an einer Kultur der kontinuierlichen Prozessverbesserung, die uns reichlich Gelegenheit bietet, an Kundenfeedback und Fortschritten in der Kommunikationstechnologie zu arbeiten.*
- Ein Millennial, geb. 1983.

**Sie lernen kontinuierlich und führen Anpassungen schnell durch**

Die ständig angepassten Stellenbeschreibungen spiegeln auch das Engagement von ASSH für Innovation und ständige Verbesserung wider, ein weiteres Kernkonzept der digitalen Denkweise. Wir haben bereits über das Engagement gesprochen, Software zu ändern oder zu aktualisieren, wenn dies erforderlich ist, und das Hand-e-Projekt stellt eine neue und leistungsstarke Idee dar, die sehr schnell umgesetzt wurde. Mark Anderson, CEO von ASSH, ist geradezu süchtig nach Veränderungen. Laut einem Mitarbeiter:

*Jedes Jahr haben wir so viel erreicht, und dann gehen wir auf etwas völlig Neues ein.*

Vor einigen Jahren konzentrierte sich ASSH auf die globale Expansion und stieg schnell von einhundert internationalen Mitgliedern auf sechshundert internationale Mitglieder, um diesen Markt zu erreichen.

Es wurde auch zügig eine weiter Veränderung vorgenommen: In nur sechs Monaten wurde eine Online-Version eines gedruckten Lehrbuchs erstellt. Dasselbe tat die Organisation, als sie ihr jährliches wissenschaftliches Treffen in eine papierlose Konferenz umwandelte. Bereits im Jahr 2008, als die allgemeine Wirtschaft zu kränkeln begann, drängte Anderson die Mitarbeiter, Effizienzsteigerungen und neue Einnahmequellen zu identifizieren. Als andere gemeinnützige Organisationen ihre Reserven nutzten, um während des Abschwungs mit Verlust zu operieren, hatte ASSH einige gute Jahre. Laut einer Mitarbeiterin:

*Wir sind nicht zu sehr in den wichtigsten Dingen verstrickt, die wir tun. Wir sind immer proaktiv.*

# Zum Mitnehmen: Machen Sie Ihre Organisation digital

Wenn eine kleine gemeinnützige Organisation digital werden kann, können Sie das auch. Wenn wir uns das vorstellen, können wir uns auch große Unternehmen vorstellen, obwohl die sich über ihre Unfähigkeit beschweren, nicht so klein und agil wie gemeinnützige Organisationen zu sein. (Das Gras ist immer grüner …) Aber wir haben das ASSH-Beispiel nicht als eine Art »Best Practice« vorgestellt, die jeder kopieren sollte. In jedem Kapitel geben wir Ihnen Beispiele von realen Unternehmen, die auf eine Weise handeln und führen, die besser mit der heutigen Realität vereinbar ist, und wir betrachten ehrlich gesagt kein einziges als Best Practice. Sie sollen Ihnen lediglich zeigen, dass jede Art von Unternehmen diese Denkweisen annehmen kann (vor allem, weil es sich um Denkweisen und keine Best Practices handelt), und Ihnen einige Ideen geben, wie Sie dies in Ihrer eigenen Organisation tun können.

Digital zu sein ist nicht abhängig von Größe oder der Rechtsform. Es geht um eine Organisationskultur (einschließlich Systeme und Verfahren), die die digitale Denkweise unterstützt: Konzentration auf Benutzer (und Mitarbeiter), Ausweitung der Elitebehandlung auf die große Mitte sowie kontinuierliche Verbesserung und Innovation.

> *Viele unserer technologischen Fortschritte, bei denen wir uns noch weiter verbessern können, betreffen die Produktivität (intern) und die der digitalen Präsenz (extern), da sich das Geschäft heutzutage so schnell entwickelt, dass es schwierig ist, Schritt zu halten.*
> - Ein Millennial, geb. 1987

Wie klein oder groß Ihre Organisation ist, kann sich ändern, aber damit kommen Sie nicht so einfach davon. Hier sind einige Empfehlungen.

### Investieren Sie intelligent in Technologie

Sie haben diese Empfehlung wahrscheinlich kommen sehen. Aufwendungen für neue Technologien sind natürlich keine neue Idee. Seit Jahren haben Unternehmen Probleme damit zu entscheiden, wie viel sie in Technologie investieren müssen, die sich so schnell verändert, dass es oft schwierig ist, herauszufinden, welche Investitionen sich auszahlen. Und da dieser Haushaltsposten vor einigen Jahrzehnten noch nicht einmal existierte, scheint es immer eine schwierige Planung zu sein, wenn wir eine Investition tätigen. Egal wie viel Sie für Technologie ausgeben, es fühlt sich immer etwas zu viel an. Und jetzt bitten wir Sie, mehr auszugeben?

Nicht unbedingt. Machen Sie zunächst einen Schritt zurück und vergleichen Sie sich mit anderen in Ihrer Branche. Wenn Sie zu den Unternehmen gehören, die in Bezug auf Investitionen in Technologie bei dem Branchendurchschnitt liegen, möchten Sie wahrscheinlich nach Möglichkeiten suchen, dies zu steigern, aber es ist möglich, dass Sie bereits mehr als der Durchschnitt investieren.

In ihrem Buch *Leading Digital* analysieren George Westerman, Didier Bonnet und Andrew McAfee eine Vielzahl unterschiedlicher Branchen hinsichtlich ihres Niveaus der »digitalen Meisterschaft«, die eine Kombination aus digitalen Fähigkeiten und Führungsqualitäten umfasst. Eine der wichtigsten Lehren aus dem Buch ist, dass jede Branche ein Kontinuum hat, von »Anfängern« bis zu »digitalen Meistern«. Selbst im High-Tech-Bereich wurden einige Unternehmen als »Anfänger« eingestuft, was bedeutet, dass diese hinter ihren Mitbewerbern zurückblieben, sowohl hinsichtlich der digitalen Kapazität als auch der Führungskapazität, um digitale Innovationen zu unterstützen. **Und in Bereichen, die wir nicht mit digitaler Meisterschaft verbinden, wie der Fertigung, gab es immer noch eine bedeutende Anzahl von Firmen, die von den Autoren als digitale Meister eingestuft wurden. Und laut ihrer Forschung**

**korreliert digitale Meisterschaft sowohl mit Umsatz- als auch Gewinnsteigerungen.**[24]

Es spielt keine Rolle, in welcher Branche Sie tätig sind. Finden Sie heraus, wie Sie im Vergleich mit Ihresgleichen dastehen, und finden Sie einen Weg, um Ihre Ausgaben zu steigern, um Ihre Wettbewerbsfähigkeit zu erhöhen – es sei denn, Sie sind bereits ein digitaler Meister.

### Automatisieren Sie zugunsten des Engagements

Beachten Sie jedoch, dass wir Sie nicht nur bitten, mehr Dollar (Euro) zu investieren, sondern Sie auch bitten, diese intelligent zu investieren. Wenn Sie beispielsweise mehr in soziale Medien investieren möchten, stellen Sie sicher, dass Ihr neues Programm nicht darauf ausgerichtet ist, über diese neuen sozialen Kanäle lediglich 08/15-Marketingbotschaften an eine größere Anzahl von Kunden und Interessenten zu senden.

Das funktioniert, ist aber nicht digital. **Digital sein erfordert eine viel differenziertere Kundenorientierung: Welche Erfahrung hatten die Kunden, was brauchen diese und worauf kommt es bei ihnen an?** Social Media ist perfekt, um diese Dinge zu entdecken, aber es erfordert, dass wir zuhören und uns intensiver mit Kunden und Interessengruppen auseinandersetzen.

Es gibt Hunderte von Büchern zum Thema Social Media Marketing, daher werden wir hier nicht näher auf dieses Thema eingehen. Der wichtigste Rat, den wir geben können, ist die Automatisierung zugunsten des Engagements. Was meinen wir damit? Finden Sie heraus, welche Dinge automatisiert werden können (Feeds zu Social-Media-Sites), aber nicht, um überall gleichermaßen nach dem Gießkannenprinzip zu verteilen. Verwenden Sie stattdessen die Zeit, die Sie durch die Automatisation sparen, um mehr Zeit damit zu verbringen, Beziehungen zu den Personen aufzubauen, die antworten, retweeten, teilen und liken. Wenn Sie in digitale Technologie investieren, stellen Sie sicher, dass diese tatsächlich den Kern dessen abdeckt, was es bedeutet, digital zu sein: Sie stellt den Benutzer oder Kunden an die erste Stelle, bietet auf den Kunden

[24] Westerman, Bonnet, und McAfee. *Leading Digital*, 20.

zugeschnittene Aufmerksamkeit für mehr Menschen und unterstützt Innovationen oder Verbesserungen.

### Verbessern Sie die digitale Zusammenarbeit

Auch werden nicht alle digitalen Investitionen extern getätigt. *Digital sein* ist gleichermaßen auf interne Kapazitäten anwendbar, insbesondere im Bereich der digitalen Zusammenarbeit. Mithilfe digitaler Tools können Mitarbeiter effektiver zusammenarbeiten. Wie wir zu Beginn dieses Kapitels erwähnt haben, bringt die Millennial-Generation einige höhere Standards für Technologie-Tools mit sich, die wir intern verwenden, und warum wir sie verwenden. Jetzt ist es an der Zeit, sich zu verbessern.

Sie können mit etwas so Einfachem wie E-Mails beginnen. Beispielsweise hat eine von uns befragte Organisation eine Richtlinie erstellt, die das interne Versenden von Dankes-E-Mails untersagt. Es mag unbedeutend und vielleicht sogar ein wenig unhöflich erscheinen, aber die betroffenen Mitarbeiter erledigen eine Menge Arbeit per E-Mail, sodass das Versenden von »Danke dafür« E-Mails, die möglicherweise mit »Kein Problem« E-Mails beantwortet werden, tatsächlich begann, viel Zeit zu verschwenden. Es ist nicht so, dass es Ihnen verboten ist, sich zu bedanken (Sie tun das persönlich); Sie missbrauchen die Technologie der E-Mail einfach nicht, um dies zu tun.

Wenden Sie dieselbe Genauigkeit bei der Analyse Ihrer anderen internen Tools für die Zusammenarbeit an.

- Können Sie einen Instant Messaging-Client implementieren, damit Anfragen, die eine sofortige Reaktion erfordern, ohne die typische Verzögerung von E-Mails bei den Adressaten ankommen?
- Können Sie eine interne Online-Community oder andere Soziale Plattform erstellen, die Mitarbeiter im gesamten Unternehmen verbindet und diesen ermöglicht, auftauchende Probleme auch gleich eigenständig zu lösen?

Wenn Sie in Bezug auf die interne digitale Zusammenarbeit in der heutigen Wirtschaft nicht führend sind, laufen Sie Gefahr, noch weiter zurückzufallen.

### Raum für Experimente schaffen

Denken Sie daran, dass Ihre digitalen Fähigkeiten nur teilweise von der Technologie abhängen. Es ist gleichermaßen abhängig von Führungskapazitäten, die die Entwicklung und Implementierung der Technologie unterstützen. Wenn Sie also ein »digitaler Master« sein möchten, müssen Sie auch interne Managementänderungen vornehmen, die die digitale Denkweise unterstützen. Einer der wichtigsten Bereiche, die entwickelt werden müssen, ist die Fähigkeit, intern zu experimentieren. Schließlich ging es bei der digitalen Revolution zum Teil darum, wie Produkte durch »Beta«-Tests veröffentlicht wurden, bei denen tatsächliche Benutzer das Produkt ausprobierten und Feedback geben konnten, bevor es der Öffentlichkeit nähergebracht wurde. Wir müssen unsere Organisationen mit der gleichen Fähigkeit ausstatten.

*Ich würde mehr kalkulierte Risiken zulassen. Alle hier sind so besorgt über Veränderungen. Wenn Sie eine neue Idee einbringen, wird diese normalerweise ohne Recherche oder Diskussion abgeschossen.*
- Ein Millennial, geb. 1985

In *Humanize*[25] haben wir das Experimentieren als Schlüsselelement für die Schaffung einer menschlichen Organisation identifiziert und in unserer Diskussion über das Experimentieren auf Google inzwischen bekannte (und kürzlich modifizierte – wir werden darauf zurückkommen) »20-Prozent-Zeit«-Richtlinie verwiesen. Die Ingenieure von Google konnten 20 Prozent ihrer Zeit mit der Arbeit an jedem gewünschten Projekt verbringen, selbst wenn es außerhalb ihrer Stellenbeschreibung oder außerhalb des Kerngeschäfts von Google lag. Diese Experimentierfreiheit hat zu beeindruckenden Ergebnissen für das Unternehmen geführt. *Gmail* wurde zum Beispiel während der 20-prozentigen Zeit einer Person

[25] Notter und Grant, *Humanize*, 232-238.

erstellt und war, Berichten zufolge bis 2012 auf mehr als vierhundertfünfundzwanzig Millionen Nutzer angewachsen.[26]

Natürlich ist Googles Engagement für Experimente so tief, dass es kein Problem hatte, seine eigene zwanzig-Prozent-Zeitpolitik auf dem Weg zu ändern.

Es wurde so verfeinert, dass nur bestimmte Mitarbeiter es verwenden konnten. Dies beruhte auf einer strengen Analyse der firmeneigenen Daten, wie dies bei Google der Fall ist. Google muss hier also nicht Ihr Vorbild sein. Es ist nicht das einzige Unternehmen, das seinen Mitarbeitern Raum zum Experimentieren gibt (und Google hat diese Idee auch nicht erfunden). Vergessen Sie die Details des Google-Programms und erstellen Sie ein internes Experimentiersystem, das für Sie funktioniert.

### Geben Sie den Mitarbeitern einen Sandkasten

Die wahre Kraft besteht darin, den Mitarbeitern die Erlaubnis zum Experimentieren zu geben. Vielleicht scheinen 20 Prozent der Zeit Ihrer Mitarbeiter, die nicht für das Kerngeschäft verwendet wird, viel zu sein. Fein. Wie viel Prozent können Sie ihnen geben? Zehn? Fünf? Vielleicht reicht auch schon ein unterstützender Ort, um über Ideen zu sprechen, die sie in ihrer Freizeit entwickelt haben? Finden Sie einen Weg, Ihren Leuten etwas Platz zu geben. So wachsen und verbessern Sie sich: indem Sie Ressourcen verschieben, wenn sich die Dinge ändern. Ja, Sie müssen möglicherweise einige Aktivitäten eliminieren, die derzeit von Mitarbeitern ausgeführt werden, um Platz für die Experimentierzeit zu schaffen. Suchen Sie jedoch einen Prozentsatz, mit dem Sie leben können, und erteilen Sie den Mitarbeitern die Erlaubnis.

### Geben Sie die Richtung vor

Während Sie das Experimentieren nicht zu stark kontrollieren (was das Lernen einschränkt), sollte Sie eine allgemeine Richtung vorgeben, damit die Experimente letztendlich das Wachstum Ihres Unternehmens

---

[26] »Gmail«, *Wikipedia, the Free Encyclopedia*, http://en.wikipedia.org/wiki/Gmail (aufgerufen am 20. Dezember 2014).

unterstützen. Der Satz »Leite den Reiter« (neben »Den Elefanten motivieren« und »Den Weg gestalten«) ist der erste Schritt für Veränderungen, den Chip und Dan Heath in *Switch*, einem unserer Lieblingsbücher über Kulturwandel, definiert haben, und das ist Ihre Herausforderung hier.[27]

Definieren Sie das Ziel Ihres X-Prozent-Zeitprogramms. Es muss nicht nur um Innovation und neue Ideen gehen. Dieser Raum zum Experimentieren könnte einfach dazu genutzt werden, das Engagement zu fördern, indem den Mitarbeitern mehr Kontrolle über ihre Arbeit im Allgemeinen oder über ein bestimmtes Projekt gegeben wird. Es könnte für die abteilungsübergreifende Zusammenarbeit reserviert werden. Eine Organisation, von der wir gehört haben, hat alle Mitarbeiter dazu eingespannt, die Kosten zu senken, indem sie ein Ziel vorgab und es der Gruppe überließ zu überlegten, wie es erreicht werden konnte. Sie müssen herausfinden, wie dieses X-Prozent-Zeitprogramm zu Ihrem Erfolg passt, und dann müssen Sie dies den Menschen kristallklar machen.

### Entwerfen Sie einen besseren Feedback-Prozess

Und all diese Experimente sind nutzlos, es sei denn, sie können in den Betrieb der Organisation zurückgeführt werden. Diese 20-Prozent-Zeitprogramme wurden nie entwickelt, um grenzenlose Experimente zu ermöglichen, bei denen Mitarbeiter über die Ursprünge des Universums nachdenken.

Sie sollen in der Praxis angewendet werden, was bedeutet, dass, wenn Experimente Ergebnisse generieren, die Ergebnisse in das System zurückgespeist werden müssen, um zu sehen, wie sie die Produktivität verbessern, kreativeres Produktdesign inspirieren, bessere Kosteneinsparungen erzielen und engagiertere Mitarbeiter fördern können – oder was auch immer die Ergebnisse sein mögen. Ihr Programm benötigt einen klaren, aber einfachen Prozess, damit die Mitarbeiter wissen, wie häufig sie ihre Ergebnisse melden müssen, an wen sie berichtet werden und anhand welcher Kriterien beurteilt wird, ob die Experimente fortgesetzt werden sollen oder nicht. Dies ist keine Raketenwissenschaft – streichen Sie das,

---

[27] Chip Heath und Dan Heath, *Switch: How to Change Things When Change Is Hard* (New York: Crown Business, 2010).

tatsächlich dreht sich in der Raketenwissenschaft alles um Experimente – , aber Sie sollten in der Lage sein, eine Struktur einzurichten, die mehr Experimente in Ihrer Organisation ermöglicht.

### Innovieren Sie Ihre Verfahrensweisen im Personalwesen

Wenn Sie wirklich digital arbeiten möchten, müssen Sie über die Technologie und sogar über Ihre internen Experimentierprozesse hinausblicken. Die digitale Denkweise wurzelt letztendlich in Ihrer Kultur. Sie müssen durch und durch digital sein. **Wenn für die Digitalisierung ein stärkerer Fokus auf Benutzer erforderlich ist, bedeutet dies intern einen stärkeren Fokus auf die »Benutzer« Ihrer Kultur, d. h. auf Ihre Mitarbeiter.** Mit anderen Worten, wenn Sie eine digitale Organisation wollen, brauchen Sie eine Kultur, die auf die Mitarbeiter ausgerichtet ist. Damit rückt die Personalfunktion ins Rampenlicht, was für viele Organisationen ein echtes Problem sein kann, da die HR–Funktion spiegelt tendenziell den alten, mechanischen Managementansatz wider. Nämlich sich hauptsächlich auf die Organisation und ihre Führungskräfte zu konzentrieren – und nicht auf die Mitarbeiter. Sie denken vielleicht nicht zuerst an diese Art von Veränderung bei Ihrem Entschluss, digital zu sein, da es nicht um Technologie geht, aber um wirklich digital zu sein, müssen Sie die Personalarbeit anders machen.

### Stellen Sie diejenigen ein, die zu Ihrer Firmenkultur passen und die nach persönlichem Wachstum suchen

Beispielsweise werden Stellenbeschreibungen in Hinblick auf die Anforderungen des Unternehmens erstellt. Sie sind abstrakt gestaltet, und dann besteht die Aufgabe der Personalabteilung darin, Kandidaten zu finden, die diesen allgemeinen Beschreibungen entsprechen. Es gibt keine Regel, die besagt, dass es so sein muss.

Bei ASSH werden beispielsweise die Stellenbeschreibungen jedes Jahr geändert, je nachdem, wie sich jeder einzelne Mitarbeiter entwickelt. Wenn sie Mitarbeiter einstellen, durchlaufen diese einen Tag lang Persönlichkeitstests, damit ASSH feststellen kann, ob die Kandidaten gut zu ihrer Kultur passen und in einem Umfeld gedeihen, in dem hohe

Standards, abteilungsübergreifende Zusammenarbeit und technologische Kompetenz erwartet und geschätzt werden.

Wenn Sie sich wirklich auf die Mitarbeiter konzentrieren möchten, müssen Sie sich Zeit und Mühe nehmen, um sie tatsächlich kennenzulernen.

Bei ASSH bedeutet dies, dass sie manchmal jemanden mit einem Master-Abschluss ablehnen (was möglicherweise besser zur Stellenbeschreibung passt) und jemanden direkt nach der Schule einstellen, wenn dafür die Affinität zur Firmenkultur stärker ist. Sie können so ihren disziplinierten Fokus auf die Mitarbeiter beibehalten.

Immer mehr Unternehmen geben das auf, was in der HR-Welt traditionell als »Best Practices« gilt. Die Firma *Menlo Innovations* (in Kapitel 4 vorgestellt) achtet bei der Rekrutierung besonders auf die sogenannten »Kindergartenfähigkeiten«, da sie weiß, dass technische Fähigkeiten später trainiert werden können. *Buffer*, ein anderes Technologieunternehmen, hat das technische Interview bei seinem Einstellungsprozess sogar vollständig eliminiert und konzentriert sich nur auf die Kultur.[28]

Beide Unternehmen stellen dann ihre Mitarbeiter zunächst mit Zeitverträgen ein. So können sie die technische Arbeit der Kandidaten tatsächlich in der realen Welt sehen.

Um die digitale Denkweise wirklich zu verstehen, müssen Sie sich stärker auf Ihre Mitarbeiter konzentrieren. Ändern Sie daher Ihre Einstellungsprozesse, damit sie sich tatsächlich auf die Mitarbeiter konzentrieren.

## Korrigieren Sie Ihren Leistungsüberprüfungsprozess

Die Leistungsüberprüfung ist ein weiterer HR-Prozess, der im alten Modell steckt und daher reif für Änderungen ist. Der jährliche Überprüfungsprozess, bei dem eine einzelne Punktezahl einen Bonus bestimmt,

---

[28] Sunil Sadasivan, »Why We Don't Have Technical Interviews for Technical Roles at Buffer«, *Medium*, https://medium.com/buffer-posts/why-we-dont-ask-technical-questions-for-technical-interviews-at-buffer-73f8132a8abd (aufgerufen am 20. Dezember 2014).

verursacht tatsächlich viel unnötigen Stress für den Mitarbeiter. Das australische Softwareunternehmen Atlassian hat den Prozess umgekehrt und konzentriert sich mehr auf das fortlaufende Coaching der Mitarbeiter.[29]

Bei dem Gesundheitsunternehmen QLI (über das Sie in Kapitel 5 lesen werden) können Mitarbeiter ihre eigenen Karriere- und Fortbildungspläne entwickeln. Anschließend wird der Plan an die Personen weitergegeben, die in den identifizierten Entwicklungsbereichen das effektivste Feedback geben können, selbst wenn sich diese Personen in verschiedenen Teams oder auf verschiedenen Ebenen der Organisation befinden. Bei Menlo Innovations werden Überprüfungen nach Ermessen des Mitarbeiters durchgeführt, wobei jeder mit einbezogen wird, der an der Peer-Feedback-Sitzung teilnimmt. Denjenigen, die in der Organisation vorankommen möchten, wird klar gemacht, dass sie einige ihrer schärfsten Kritiker in die Feedback-Sitzungen einbeziehen sollten – und Menlo stellt sicher, dass sie Mitarbeiter einstellen, die von Natur aus in der Lage sind, konstruktive Kritik zu geben und zu empfangen.

Einige Unternehmen gehen so weit, das gesamte Verhältnis zwischen Arbeitnehmern und Arbeitgebern zu überdenken. In ihrem Buch *The Alliance* stellen Reid Hoffman (Mitbegründer von LinkedIn), Ben Casnocha und Chris Yeh ein Beschäftigungsmodell vor, bei dem die Organisation und der Mitarbeiter eine Reihe von »Tour der Pflichten« aushandeln. Bei jeder Tour klären der Mitarbeiter und das Unternehmen, welchen Benefit jede Seite aus der Beziehung bezieht, und bieten verschiedene Arten von Touren an, um die Mitarbeiter in verschiedenen Phasen ihrer Karriere zu führen.

Dies spiegelt perfekt die Betonung der digitalen Denkweise wider, der sogenannten »Mittelschicht« der Mitarbeiter mehr zu bieten:

---

[29] Joris Luijke, »Atlassian's Big Experiment with Performance Reviews«, *Management Innovation Exchange*,
http://www.managementexchange.com/story/atlassians-big-experiment-performance-reviews
(aufgerufen am 20. Dezember 2014)

*Unternehmen haben lange Zeit Ressourcen für die Gestaltung personalisierter Rollen und Karrierewege für ihre Stars aufgewendet. Unternehmen wie General Electric rotieren vielversprechende junge Führungskräfte durch eine Reihe von Aufgaben und Positionen, damit diese Erfahrungen in verschiedenen Funktionen und Märkten sammeln. Es ist jedoch möglich – in der Tat sogar notwendig –, diesen personalisierten Ansatz auf alle Mitarbeiter auszudehnen, und dabei die Rahmenbedingungen einer »Tour der Pflichten« zu nutzen. Da die Welt an Stabilität verliert, können Sie sich nicht nur auf ein paar Stars an der Spitze verlassen, um die erforderliche Anpassungsfähigkeit zu gewährleisten.*[30]

**Die Personalabteilung ist der Nährboden für Neuerfindungen, die auf einer digitalen Denkweise basieren.** Planen Sie Zeit mit Ihrer Personalabteilung, um Ihre grundlegenden HR-Prozesse dahingehend aufzuschlüsseln, wie sie die Prinzipien berücksichtigen, die *Digital sein* antreiben:

- Was können Sie zu Ihrem Standard-Einstellungsprozess hinzufügen, um Ihre Kandidaten ganzheitlich als Personen besser zu verstehen?
- Gewähren Ihre Leistungsbeurteilungen jedem einzelnen Mitarbeiter Raum, um seine Lebensausrichtung zu verstehen und zu artikulieren, sodass diese Ziele in Leistungs- und Lernziele eingebunden werden können?
- Wie integrieren Sie kurzfristige Aufgaben in den Einstellungsprozess, um zuverlässigere Daten zu technischen und kollaborativen Fähigkeiten zu erhalten?

---

[30] Reid Hoffman, Ben Casnocha, und Chris Yeh. *The Alliance: Managing Talent in the Networked Age* (Boston: Harvard Business Review Press, 2014), p. 42.

# Von *Digital sein* zu *Klar sein*

Wir haben drei relativ offensichtliche Bereiche identifiziert, die in den meisten Unternehmen reif für Verbesserungen sind: Technologieinvestitionen, Experimente und HR-Praktiken. Die Annäherung an die digitale Denkweise ist der Schlüssel, um sich zu verwirklichen, unabhängig von Budgetproblemen oder tief verankerter Abneigung gegen Veränderungen. Bei der digitalen Denkweise geht es um einen unermüdlichen Fokus auf den Benutzer (sowohl extern als Kunde als auch intern als Mitarbeiter), die Fähigkeit, ihre Erfahrungen zu personalisieren, und kontinuierliche Innovation – die Erschließung neuer Werte durch Lernen und Verbesserung. Warum die digitale Denkweise? Weil die Millennial-Generation mit dieser Einstellung wie mit der Atemluft aufgewachsen ist. Für sie ist es nicht der Goldschatz am Ende des Regenbogens. Es ist die grundlegende Art und Weise, wie Dinge in der Welt außerhalb des Büros funktionieren, und es wird das Erste sein, das sie innerhalb des Büros ändern, wenn sie so weit die Karriereleiter aufgestiegen sind, um dies tun zu können. Denken Sie daran, die Millennials sagen uns nicht, wie wir Dinge tun sollen, aber sie beleuchten die Kapazitäten, die diese Revolution in Führung und Management vorantreiben werden.

**Was ist der nächste Schritt, wenn *Digital sein* die unterste Stufe der Leiter ist? Reden wir Klartext.**

;)

# 4. Klar sein

General Stanley McChrystal leitete zwischen 2003 und 2008 fünf Jahre lang das Joint Special Operations Command für das US-Militär. Ein Großteil dieser Zeit wurde unmittelbar nach dem Fall Bagdads für die Leitung von Operationen gegen Al-Qaida im Irak aufgewendet. Dies war natürlich keine leichte Aufgabe, aber um die Sache noch schlimmer zu machen, stellte McChrystal sofort fest, dass die Art und Weise, wie seine Streitkräfte ausgebildet und organisiert waren, um ihre Aufgaben zu erledigen, die Arbeit schwieriger machte.

McChrystals Streitkräfte mussten ein feindliches Netzwerk auflösen, bei dem es weniger um das stereotypische Bild von Panzern ging, die über das Schlachtfeld rollten, als vielmehr um kleinere, fokussierte Operationen – ein iterativer Prozess, bei dem Informationen gesammelt, analysiert und die Erkenntnisse zur Steuerung der nächsten nachrichtendienstlichen Mission genutzt wurden. Das Problem war jedoch, dass dieser grundlegende Prozess von mehreren verschiedenen Geheimdienstagenturen und -einheiten unter seinem Kommando gleichzeitig verwaltet wurde und diese wiederum nicht dazu neigten, Informationen mit anderen zu teilen. Als er anfing, dauerte es Wochen, bis die aufbereitete Information von einer Operation zurückkam.

Im August 2004 schloss seine Task Force achtzehn Operationen pro Monat ab, was zu dieser Zeit als Hochgeschwindigkeitsoperation galt, aber nach McChrystals eigenen Worten konnten diese Bemühungen »nicht einmal eine Delle in den sich explosionsartig ausbreitenden Aufstand machen«.[31]

Zwei Jahre später schloss die Task Force dreihundert Operationen pro Monat ab. Er hatte sein eigenes Netzwerk aufgebaut, um gegen Al-Qaida zu kämpfen, und es funktionierte mit einer Geschwindigkeit, die zuvor, wie er zugab, nicht einmal in seinen »wildesten Träumen« in Betracht gezogen worden waren. Dieses neue Netzwerk führte zu Ergebnissen. Im Jahr 2006 haben die Streitkräfte von McChrystal den Anführer der Al-Qaida im Irak vernichtet.

Diese Art von Erfolg zu erzielen ist natürlich an sich schon beeindruckend, aber es ist noch beeindruckender, wenn man das Ausmaß der internen Veränderungen berücksichtigt, die erforderlich waren, um dies durchzuziehen. McChrystal und seine Kollegen mussten die Kultur dieses bestimmten Teils des US-Militärs grundlegend verändern, um diese Ziele zu erreichen. Seine Welt umfasste Spezialeinheiten, die Geheimdienste und verdeckte Operationen, doch es gelang ihm, ein Prinzip zu übernehmen, das Sie von dieser Gruppe möglicherweise nicht erwarten:

## Transparenz

McChrystal hat gelernt, dass in einem Krieg zwischen Netzwerken die Macht und Befugnisse auf die Peripherie verteilt werden musste, denn dort war die Aktion. »Man kann nicht zehn Razzien pro Nacht zentralisieren«, erklärte er. In diesem Zusammenhang bedeutete dies, mehr Informationen intern zu teilen, sodass man nicht wochenlang auf diese Lagebeurteilungen warten mussten. Das Militär (und viele andere Organisationen) haben traditionell eine »Need to know«-Richtlinie für den Informationsaustausch eingeführt: Wenn sie uns keinen klaren Bedarf für die angefragten Informationen nachweisen können, werden wir sie

[31] »Generation Kill.« *Foreign Affairs*, März/April 2013, http://www.foreignaffairs.com/discussions/interviews/generation-kill (aufgerufen am 20. Dezember 2014)

denen nicht geben. Im Irak stellte McChrystal jedoch fest, dass es bei der Herausforderung nicht darin bestand, ein Bedürfnis nach Wissen zu demonstrieren. Die Herausforderung bestand darin, zu verstehen, wer eigentlich welche Informationen benötigte.

**In einer komplexen, vernetzten Umgebung ist es äußerst schwierig zu wissen, wer was wissen muss.** Das kann man einfach nicht im Voraus vorhersagen. Die Antwort auf dieses Rätsel bestand darin, die Informationen weiter zu verbreiten. Je mehr Leute das Wissen erhalten, desto wahrscheinlicher wird es die Person bekommen, die es tatsächlich braucht.

An einem Punkt während seines Kommandos erwarb seine Gruppe Personalunterlagen vom Feind. Damit sein Netzwerk sofort auf der Basis dieser Informationen reagieren konnte, hatte er die Geheimhaltung aufgegeben und die Informationen freigegeben. Er sagte, er habe viel Contra für diese Entscheidung erhalten, aber die Informationen sichtbarer zu machen, ermöglichte es den richtigen Leuten, bessere Entscheidungen zu treffen und effektivere Maßnahmen zu ergreifen. Aus McChrystals TED-Vortrag 2010:

> *Als wir diese Informationen weitergegeben haben, stellten wir plötzlich fest, dass diese Informationen nur dann von Wert sind, wenn wir sie an Personen weitergeben, die in der Lage waren, etwas damit zu tun. Die Tatsache, dass ich etwas weiß, hat keinen Wert, wenn ich nicht die Person bin, die dadurch tatsächlich etwas besser machen kann. Infolgedessen haben wir die Definition der Information geändert, anstatt »Wissen ist Macht« zu der Auffassung, bei der »Teilen Macht« ist. Es war diese grundlegende Veränderung, keine neue Taktik, keine neuen Waffen, nichts Neues. Es war die Idee, dass wir jetzt Teil eines Teams waren, in dem Informationen zum wesentlichen Bindeglied zwischen uns wurden, nicht zu einer Blockade zwischen uns.*[32]

---

[32] Stanley McChrystal, »The Military Case for Sharing Knowledge,« *TED*, http://www.ted.com/talks/stanley_mcchrystal_the_military_case_for_sharing_knowledge/transcript?language=en (aufgerufen am 20. Dezember 2014).

Im letzten Kapitel haben wir die Idee diskutiert, dass die digitale Denkweise das »Erdgeschoss« dessen ist, was es bedeutet, ein Unternehmen des 21. Jahrhunderts zu sein. Wenn Sie sich das zu Herzen nehmen und Ihr Unternehmen sich auf die Benutzer konzentriert, deren Erfahrungen sowohl von innen als auch von außen personalisiert und sich zu Innovationen verpflichtet, wie können Sie dann alles fokussieren? Wie behalten Sie den Preis im Auge? Indem wir *Klar sind.*

## Was ist *Klar sein*?

Wir haben dieses Kapitel aus zwei Gründen mit McChrystals Geschichte begonnen. Erstens war es eines der besten Beispiele für den Wert der Klarheit innerhalb einer Organisation, den wir finden konnten. Die Klarheit bestand auf mehreren Ebenen. Er hat nicht nur Geheimdienst-Informationen freigegeben, um sicherzustellen, dass sie weit verbreitet wurden; er ließ seine Offiziere auch in »Situationsräumen« zusammenarbeiten und nicht in einzelnen Büros (ja, sogar bei Zelten in der Wüste spielt die Aufteilung der »Büro«-Räume eine Rolle), um sicherzustellen, dass sich alle verstanden. Sie waren sich klar über das Einsatzziel und auch darüber, warum Klarheit so wichtig ist: Weil nur ein Netzwerk ein Netzwerk besiegen kann.

Der zweite Grund, warum wir mit dieser Geschichte begonnen haben, war ein Präventivschlag gegen Ihre Ausreden. Dies ist laut McChrystal das Joint Special Operations Command für das US-Militär, eine Organisation, bei der »Geheimhaltung in ihrer DNA verankert ist«. Wenn eine der Verschwiegenheit so verschworene Gruppe wie diese Klarheit annehmen kann, wie könnten Sie dann möglicherweise argumentieren, dass dies für Ihre Organisation nicht funktioniert?

Nun, ganz leicht, zumindest historisch gesehen.

## Der Mythos der Kontrolle

Einer der zentralsten Grundsätze des Managements in den letzten einhundert Jahren war die Kontrolle von Informationen. Aus Sicht des Wettbewerbs sollten viele Arten von Informationen – geheime Formeln, strategische Initiativen und dergleichen – kontrolliert werden, um zu verhindern, dass Konkurrenten einen Vorteil erlangen. Zu viele Informationen in den Händen der »falschen« Personen sind gefährlich für die Gesundheit des Unternehmens. In diesem Wissen haben wir gelernt, unsere Botschaften sorgfältig zu gestalten und unsere Zahlen zu maskieren, bevor sie veröffentlicht werden, um unsere Interessen zu schützen und Risiken zu mindern.

Auch innerhalb der Organisation werden Informationen traditionell streng kontrolliert. Es ist nicht so, dass wir als Führungskräfte befürchten, dass unsere eigenen Mitarbeiter Informationen gegen die Interessen des Unternehmens verwenden. Es ist grundlegender als das: Wir haben Angst vor Inkompetenz.

*Ich habe einen Spot-Bonus gewonnen, hatte aber keine Ahnung, wie der Prozess ablief, mit dem bestimmt wurde, wer Spot-Boni erhält, und wurde als verrückt angesehen, als ich danach fragte. Ich weiß noch, als ich anfing, hatte man beim Einstellungs-Prozess glattweg ein esoterisches Gefühl, weil – wenn man nicht die richtigen Leute kannte, die etwas wussten – man eine Menge Dinge niemals erfuhr.*

- Ein Millennial, geb. 1988

Es gibt eine zugrunde liegende Annahme im Management, dass die Veröffentlichung zu vieler Informationen zu Chaos, Fehlern, Fehlinterpretationen, Ineffizienz und einem allgemeinen Mangel an koordinierten Anstrengungen führen wird, einfach weil Menschen nicht perfekt sind.

Es ist wie beim Kinderspiel »Stille Post«, bei dem eine kurze Phrase, wenn sie von einer Person zur nächsten im Kreis geflüstert wird, als eine völlig andere Phrase auftaucht, wenn sie die Runde gemacht hat. Angesichts der Komplexität und des Umfangs unserer Organisationen kann eine solche Tendenz gefährlich sein. Je mehr Informationen da draußen sind, desto mehr Fehler werden gemacht. Die Lösung, die wir für dieses

Problem entwickelt haben, besteht darin, den Personen an der Spitze des Systems die Kontrolle über die Informationen zu geben, damit diese entscheiden, was geteilt wird, wie geteilt und mit wem sie geteilt werden. Durch die Kontrolle der Informationen erhalten Sie Effizienz und Produktivität, auch wenn dies eine direkte Beziehung zwischen Ihrer Position in der Hierarchie und der Menge bedeutet, die über die tatsächlichen Vorgänge wissen.

Das Steuern von Informationen innerhalb von Organisationen gilt sowohl horizontal als auch vertikal. Verschiedene Abteilungen, Teams und Einheiten sind geizig, wenn es darum geht, Informationen außerhalb ihrer Domäne auszutauschen. Manchmal wurzelt es im internen Wettbewerb um Ressourcen, aber oft ist es einfach ein Mangel an Vertrauen in die Kompetenz anderer. Es ist einfacher, alle Ihre Informationen in Ihrem Team zu behalten, damit Sie Ihre Arbeit erledigen können. Es verschwendet Zeit, Leuten in anderen Abteilungen Dinge zu erklären. Den Kollegen dort fehlt das Fachwissen, dass Sie in Ihrer Abteilung haben, sodass die anderen es wahrscheinlich vermasseln werden. Durch das Horten von Informationen gemäß den traditionellen Managementpraktiken reduzieren wir letztendlich Fehler – denken wir!

Während die Logik der Informationskontrolle überzeugend ist (Effizienz, Produktivität, weniger Fehler), ist sie leider nicht mit der heutigen Realität verbunden. Dies ist im Wesentlichen das, was McChrystal im Irak realisiert hat. Die Verwendung traditioneller Methoden zum Umgang mit dem heutigen vernetzten, dezentralisierten Feind konnte nicht funktionieren. Die heutigen Führungskräfte in Organisationen stehen vor der gleichen Herausforderung. Das Kontrollieren von Informationen führt zu mehr Problemen, als es löst. **Insbesondere sind die Opportunitätskosten für die Nichtfreigabe von Informationen schwindelerregend hoch im Vergleich zu den Vorteilen der kontrollierten Verteilung.**

Wenn Sie mehr Informationen teilen, geben Sie diese letztendlich in die Hände von Personen, die diese tatsächlich verwenden können, was die Fähigkeiten des gesamten Systems erweitert.

Dies war eine der grundlegenden Lektionen des sozialen Internets. Nehmen Sie zum Beispiel Open-Source-Software. Indem Sie den Code teilen und alle ihn ändern lassen, geschieht etwas Interessantes. Anstatt zu einer Art chaotischem Durcheinander zu führen, was das traditionelle Management vorhersagen würde, wenn die Kontrolle losgelassen wird, wurde die Software tatsächlich stabiler. Durch das Öffnen gelangten die richtigen Informationen in die richtigen Hände: Insbesondere Menschen, die von der fraglichen Software so begeistert waren, dass sie umsonst daran arbeiten würden. Der Versuch, diese Personen im Voraus mittels eines geplanten und kontrollierten Prozesses zu finden, wäre schwierig, wenn nicht unmöglich gewesen, aber indem sie die Software offen und zugänglich machten, bauten sie die Kapazität des Systems auf, um effektiver zu sein, ohne zu versuchen, sie zu kontrollieren. Indem die einzelnen Programmierer mehr sahen, trafen sie auf ihrem Weg zum Endprodukt intelligentere Entscheidungen, und das gesamte Produkt wurde erheblich verbessert.

> *[Wenn ich verantwortlich wäre] Ich würde eine Umgebung schaffen, die frei von Silos ist. Alle Abteilungen würden vollständig verstehen, wie sich die Arbeit in einem Geschäftsbereich auf einen anderen auswirkt. Ich würde die Mitarbeiter auch ermutigen, dort zu arbeiten, wo sie am produktivsten sind. Ich denke, die traditionelle Büroumgebung ändert sich schnell.*
>
> - Ein Millennial, geb. 1986

### Standardmäßig teilen

Das ist die Essenz von *Klar sein*: Mehr Informationen für mehr Teile des Systems verfügbar zu machen, um bessere und strategischere Entscheidungen zu treffen und so die Ergebnisse zu verbessern. Standardmäßig werden Informationen geteilt und nicht geheim gehalten. Dieses Konzept ist zwar nicht neu (Open-Book-Management gibt es seit zwanzig Jahren mit dem gleichen Grundziel), aber wir sehen heute eine seismische Verschiebung, bei der Transparenz und Informationsfluss transformiert werden von den gelegentlichen, nett-zu-haben Wissensbrocken hin zur Grundlage für die Leistungsfähigkeit und Agilität eines Unternehmens.

**Klare Organisationen gehen von der Annahme aus, dass Informationen verfügbar sind und verfügbar sein sollten, und schärfen dann den Fokus, um sicherzustellen, dass genau die richtigen Informationen genau am richtigen Ort landen. Dabei verlassen sie sich auf die Leistungsfähigkeit eines intelligenten, dezentralen Systems und nicht auf eine zentrale Steuerung.** Das Ergebnis sind effektivere Entscheidungen im gesamten System. Klare Organisationen treffen selbst in einem komplexen und sich schnell ändernden Umfeld stets intelligentere Entscheidungen.

## Warum Millennials sich um das *Klar sein* kümmern

Millennials würden es natürlich nicht anders haben wollen. Während der Rest von uns versucht, mit der heutigen Welt der »Informationsüberflutung« umzugehen, ist dies für Millennials ganz normal. Sie hatten schon immer Google. Sie wissen nicht, wie es ist, nicht über eine erstaunliche Menge an Informationen zu verfügen, die innerhalb von Millisekunden verfügbar sind und an einen leistungsstarken Computer geliefert werden, den sie in der Tasche haben und der überall funktioniert.

*Back to the Roots* (ein Hydrokulturunternehmen, über das wir in Kapitel 6 mehr sprechen werden), in dem alle fünfzehn Mitarbeiter Millennials sind, sagt, dass »Ich weiß nicht« niemals eine akzeptable Antwort ist. Für diese Generation bedeutet »Ich weiß nicht«, dass Sie noch nicht im Internet gesucht haben, noch nicht auf Ihre sozialen Netzwerke zugegriffen haben und keine Technologie oder Software eingesetzt haben, um Ihren Weg zu einer Antwort zu finden. Diese Generation gibt nicht vor, alle Antworten zu haben (jedenfalls nicht mehr oder weniger als jede frühere Generation in diesem Alter), aber Millennials gehen davon aus, dass jeder Zugriff auf alle Informationen hat, die benötigt werden, weil diese immer da waren.

Wenn Millennials in der Belegschaft auftauchen, kratzen sich viele von ihnen am Kopf darüber, warum Unternehmen mit Informationen geizig zu sein scheinen, insbesondere über Hierarchiegrenzen hinweg. In unserer Forschung haben wir Millennials am Arbeitsplatz gefragt, wie deren Organisationen mit einer erhöhten Nachfrage nach Transparenz umgehen, und sie äußerten häufig Frustration. Ein Millennial, der bei einem börsennotierten Unternehmen arbeitet, berichtete:

*Wir unterliegen an der Börse der Veröffentlichungspflicht, haben aber intern noch keine Transparenz. Entscheidungen werden hinter verschlossenen Türen getroffen, und die Gründe für die Entscheidungen werden bei der Übergabe an die nächste Hierarchieebene oft nicht angeführt.*

Andere, mit denen wir gesprochen haben, beklagten sich darüber, dass sie zur Rechenschaft gezogen wurden, wenn sie Entscheidungen umsetzten, die bei Sitzungen getroffen wurden, von denen sie nicht einmal wussten, dass sie stattgefunden hatten; geschweige denn dass sie verstanden, was bei diesen Sitzungen beschlossen wurde.

*In meinem Unternehmen gibt es wenig bis gar keine Transparenz. Viele Besprechungen unter Ausschluss der Öffentlichkeit ohne Nachverfolgung, worum es bei den Besprechungen ging. Es gab Zeiten, in denen es exklusive Treffen gab, und dann wurde erwartet, dass die jüngeren Mitarbeiter, die in diesem exklusiven Treffen besprochenen Arbeiten abschlossen.*

Bis zu einem gewissen Grad tritt jede Generation mit einiger Frustration in die Arbeitswelt ein, weil sie nicht Bescheid weiß – das ist die Natur unseres hierarchischen Managementmodells, und das war auch die Erfahrung der Generation Xer, Baby Boomer und sogar der stillen Generation, als sie in die Arbeitswelt eintraten. Die jungen Leute am Boden der Pyramide sind normalerweise frustriert. Aber die heutige Frustration scheint etwas komplexer zu sein. **Es ist nicht nur die Frustration, sehr wenig Macht zu haben – das haben wir alle gespürt. Es ist frustrierend, dass die Organisationen Chancen verpassen und Potenziale ungenutzt lassen**. Hören Sie diesem Millennial- Mitarbeiter zu:

*Unsere Organisation hat vierteljährliche Bürotreffen, in denen über Finanzen und Vorteile sowie Gewinnbeteiligung und so weiter gesprochen wird, aber ansonsten gibt es nicht viel Transparenz. Die Mitarbeiter werden im Dunkeln darüber gehalten, was extern über das Unternehmen gesagt wird und wie sie Kunden gewinnen. Wir wissen nicht, ob unsere Fähigkeiten und Kapazitäten für die Tätigkeiten übertrieben gut dargestellt werden. Ich glaube nicht, dass mein Unternehmen überhaupt bemerkt, dass sehr viel mehr Transparenz nötig ist.*

Das ist ein fünfundzwanzig Jähriger, der sich Sorgen über die Fähigkeit des Unternehmens macht, die Arbeit zu erledigen und die richtigen Kunden zu gewinnen. Nicht gerade der anspruchsvolle, ungeduldige und egoistische Millennial, den Sie erwartet haben, oder? Das ist ein junger Mensch, der mit dem Verständnis aufgewachsen ist, dass der Zugang zu Informationen direkt mit der Handlungsfähigkeit zusammenhängt. Es mag als etwas ziemlich Unbedeutendes angefangen haben, wie die Nutzung sozialer Medien, um das Café oder die Happy Hour zu finden, in der sie Leute treffen konnten, mit denen sie gerne Zeit verbrachten, aber das Prinzip ist ihnen geblieben. Sie verstehen den Wert und das inhärente Potenzial von Transparenz und sind verwirrt über die Führungskräfte heutiger Organisationen, die diese Gelegenheit offenbar verpassen.

*Unser gemeinsames Laufwerk hat Zugriff auf alle arbeitsbezogenen Dateien. Jeder im Unternehmen kann auf den Bericht des Verwaltungsrates, unsere interne Revision oder das Handbuch für Geschäftspraktiken (um nur einige zu nennen) zugreifen und verfügt über dieselben Informationen wie unser Führungsteam. Wenn Fragen gestellt werden, versucht die Organisation, Informationen auf eine Weise bereitzustellen, die tatsächlich Änderungen oder das Denken hinter einer Entscheidung erklärt, anstatt einfach zu sagen: »weil es passieren muss«.*

- Ein Millennial, geb. 1986

## Wie *Klar sein* aussieht

Diejenigen unter Ihnen, die diese Gelegenheit nicht verpassen möchten, müssen verstehen, wie *Klar sein* tatsächlich aussieht. Wie Sie vielleicht vermutet haben, gibt es keinen richtigen Weg, um Ihre Organisation *Klar* zu machen. Es ist keine binäre Wahl, bei der Sie *Klar* oder *nicht Klar* sind. Es ist eine Mischung. Alle Organisationen werden ein Gleichgewicht zwischen dem, was geteilt wird und dem, was privat gehalten wird, finden, und die Mischung wird je nach Kontext variieren. Um die Kraft der Transparenz nutzen zu können, muss das Konzept differenziert angewendet werden. Sie teilen nicht nur Informationen, um Klar zu sein. Sie müssen es strategisch teilen.

In *Humanize* haben wir beispielsweise die Geschichte erzählt, wie Whole Foods, Inc. tatsächlich alle Gehalts- und Bonusdaten intern teilt.[33] Mit anderen Worten, jeder bei Whole Foods weiß, wie viel Geld alle anderen verdienen (oder zumindest haben sie Zugriff auf diese Informationen, wenn sie dies wünschen). Nach den Reaktionen des Konferenzpublikums zu urteilen, wenn wir diese Geschichte erzählen, ist dies keine gängige Praxis. Tatsächlich scheint die Idee die Menschen zu erschrecken.

Whole Foods teilt diese Informationen jedoch nicht nur, um provokativ zu sein. Es gibt Vergütungsinformationen (und auch andere Geschäftsdaten) weiter, damit die Einzelpersonen und Teams in ihren Filialen im ganzen Land besser werden können.

Die Boni bei Whole Foods sind teambasiert. Wenn Sie also die Produktion bei Whole Foods in Orlando leiten und Ihre Abteilung bestimmte Kennzahlen erreicht, wird ein Bonus für Ihr gesamtes Team vergeben. Indem die Gehalts- und Bonusdaten Ihnen zur Verfügung gestellt werden, können Sie beispielsweise sehen, wann das Produktionsteam in Nashville plötzlich große Boni verdient, und Sie können sich an sie wenden, um zu sehen, was sie tun, um diese Ergebnisse zu erzielen. Sie könnten dann aus deren Erfahrungen lernen und diese Erkenntnisse auf Ihr eigenes Geschäft anwenden. Und wenn es funktioniert, erhält Ihr Team natürlich Boni, und Sie werden möglicherweise vom Produktionsmanager aus Sacramento angerufen, der aus Ihren Erfahrungen lernen möchte.

**Das Endergebnis ist ein System, das agil ist und schnelle Änderungen basierend auf den Marktbedingungen vornehmen kann, ohne dass die Zentrale der Organisation alles herausfinden und den Geschäften**

---

[33] Notter und Grant, *Humanize,* 160.

**mitteilen muss, was zu tun ist.** Das System lernt durch sich selbst, trifft bessere Entscheidungen und arbeitet besser, aber erst diese Transparenzschicht ermöglicht diese Ergebnisse. Dies ist ein Beispiel dafür, wie strategisch es ist, Klarheit in Ihr Unternehmen zu bringen.

Noch einmal, der Austausch von Finanzdaten ist wahrscheinlich die häufigste Form der Klarheit, die Organisationen einführen, obwohl die meisten zu kurz greifen und nicht in der Lage sind, Gehalts- und Bonusinformationen preiszugeben. Das Open-Book-Management soll alle Mitarbeiter über die grundlegende finanzielle und betriebliche Gesundheit des Unternehmens informieren, damit jeder Mitarbeiter mit diesem Wissen bessere Entscheidungen treffen kann, um das finanzielle Wachstum des Unternehmens zu unterstützen. Die Idee kann in vielen verschiedenen Kontexten angewendet werden. Morning Star, ein großes Unternehmen für die Tomatenverarbeitung, hat es jedem Team ermöglicht, seine eigene Rentabilität zu verstehen, und ermöglicht es jedem einzelnen Mitarbeiter, die Ausrüstung zu kaufen, die er oder sie für die Erledigung seiner Aufgaben benötigt. Am anderen Ende des Spektrums informierte ein kleiner Muschel-Imbiss in Maine alle Mitarbeiter über finanzielle und betriebliche Details und sah sofort positive Änderungen bei den Geschäftsergebnissen, als die Mitarbeiter begannen, selbstständig Verbesserungen durchzuführen, bis hin zur Häufigkeit von Speiseölwechseln und die Platzierung von Stiften für Kundenkommentarkarten.

> *[Wenn ich verantwortlich wäre, hätte ich] gerne mehr Ehrlichkeit und Transparenz vom Management. Gleichheit aller Mitarbeiter. Alle Mitarbeiter würden unabhängig von ihrem Einkommen oder Familienstand als »Familienmitglied« betrachtet.*
>
> - Ein Millennial, geb. 1984

Um Klarheit richtig zu machen, muss dies jedoch über die Auswirkungen auf das Finanz- und Geschäftsmodell hinausgehen. Die Wirksamkeit von Entscheidungen hängt nicht immer direkt von den finanziellen Ergebnissen ab. Wenn dies die einzige Art von Informationen ist, die Sie freigeben möchten, werden Sie die Wirksamkeit Ihrer Bemühungen um Klarheit einschränken. Betrachten Sie den Fall des Softwareunternehmens Menlo Innovations.

## Fallstudie: Menlo Innovations

Menlo Innovations entwirft und programmiert kundenspezifische Software am Hauptsitz in Ann Arbor, Michigan. Rund fünfzig Mitarbeiter arbeiten im großen Open-Space-Büro in einem Raum und entwickeln Software für eine Vielzahl von Kunden, darunter Biotechnologieunternehmen, Universitäten, landesweite Systemgastronomie-Organisationen und große Gesundheitsunternehmen. Menlos Mission als Organisation ist es, »das menschliche Leiden in der Welt in Bezug auf Technologie zu beenden«.[34]

Software, aber ohne zu leiden? Das muss eine ziemlich gute Software sein. Und wenn man Menlos konsequentes Wachstum im Laufe der Jahre betrachtet, sowie die beeindruckende Nachfrage nach Arbeit dort (wenn eine Position in Menlo ausgeschrieben wird, kommen extrem viele Bewerbungen herein) scheint ihr Konzept ins Schwarze zu treffen.

Als Unternehmen hat Menlo Innovations in der Wirtschaftspresse eine gewisse Bekanntheit für seinen innovativen Managementansatz erlangt. CEO Rich Sheridan hat ein ausgezeichnetes Buch über seinen Weg zur Schaffung und zum Wachstum von Menlo geschrieben (siehe *Joy, Inc.*), und Artikel in *Forbes* und NPR haben einige der interessanten Merkmale der Arbeitsplätze hervorgehoben, wie das Fehlen von Büros (jeder arbeitet an beweglichen Tischen, die über einen großen Raum verteilt sind) und wie die Programmierer paarweise arbeiten (buchstäblich ein Computer, der von zwei Programmierern gemeinsam genutzt wird), wobei jede Woche die Paare gewechselt werden.

---

[34] »Our Story,« *Menlo Innovations*, http://www.menloinnovations.com/our-story/ (aufgerufen am 20. Dezember 2014)

## Sie arbeiten auffällig

Was uns jedoch interessierte, war die Art und Weise, wie Menlo den Faktor Klarheit so tief in die Organisation einbettete. Nehmen wir zum Beispiel die Praxis der Paarprogrammierung. Paarprogrammierung ist keine Erfindung von Menlo; es ist ein Aspekt von Extrem-Programmierung, einer Methode, die in den 1990er entwickelt wurde (und die den Menlo CEO Rich Sheridan inspirierte, sein Unternehmen so zu gründen, wie er es getan hat). Paarprogrammierung ist Klarheit in Aktion. In der Regel wird Software nach der Erstellung überprüft und getestet. Dann findet und behebt man die Fehler. Bei der Paarprogrammierung überprüft darüber hinaus jedoch ein Programmierer immer den Code, *während er geschrieben wird,* was nachweislich die Qualität des Codes erhöht.[35] In traditionellen Unternehmen schreiben einzelne Programmierer ihren Code im Wesentlichen privat, aber bei Menlo **wurde der Codierungsprozess transparenter gemacht, was die Entscheidungsfindung beider Programmierer, die im Paar arbeiten, verbessert.**

## Sie machen ihre Firmenkultur sichtbar

Und das ist erst der Anfang von Transparenz bei Menlo. Das Projektmanagementsystem fördert auch die Nachvollziehbarkeit. Angesichts der Tatsache, dass die Mitarbeiter Software für ihren Lebensunterhalt schreiben, ist es vielleicht ironisch, dass Menlo kein computergestütztes Projektmanagementsystem verwendet. Das System ist buchstäblich an den Wänden des Büros angebracht und besteht hauptsächlich aus handgeschriebenen Notizkarten, farbigen Aufklebern und Garn. Für jedes Projekt werden die anstehenden Aufgaben identifiziert, diese auf die Karten geschrieben und zu Beginn einer Woche Programmiererpaaren zugewiesen und an der Wand platziert, zugeordnet zu dem Tag, an dem sie glauben, dass sie diese Aufgabe angehen werden. Es gibt fünf Reihen an der Wand, die jedem Tag der Arbeitswoche entsprechen.

---

[35] »Pair Programming,« *Wikipedia, the Free Encyclopedia,* http://en.wikipedia.org/wiki/Pair_programming (aufgerufen am 20. Dezember 2014).

Sie verwenden farbige Aufkleber, um den Fortschritt der Aufgaben anzuzeigen, und bewegen am Ende eines jeden Tages im Verlauf der Woche einfach eine Fadenlinie nach unten.

Jeder Mitarbeiter kann dann einen Blick auf die Wand werfen und anhand der farbigen Aufkleber und der Position der Karten feststellen, ob ein bestimmtes Programmiererpaar vor oder hinter dem Zeitplan liegt. Diejenigen, die dem Zeitplan voraus sind, können dann leicht Personen finden, die möglicherweise hinter dem Zeitplan zurückliegen, und ihnen anbieten, Hilfe zu leisten. **Dieses System erfordert keine Manager und keine langweiligen Besprechungen zur Aktualisierung des Projektstatus.** Es ist nicht einmal eine E-Mail erforderlich. Tatsächlich senden sich Menlo-Mitarbeiter selten eine E-Mail, hauptsächlich für die Kommunikation mit Kunden. Und Besprechungen sind einfach durchzuführen, da alle im selben Raum arbeiten. Wenn ein Paar, das an Qualität arbeitet, mit einem Projektteam über bestimmte Ergebnisse sprechen muss, braucht es einfach nur den Namen des Teams laut aussprechen. Wenn das Team antwortet, hat das Meeting begonnen. Selbst die morgendlichen Besprechungen der Mitarbeiter dauern nicht länger als fünfzehn Minuten, da jedes Paar lediglich angibt, woran es an diesem Tag arbeitet. Unmittelbar nach dem Treffen aller Mitarbeiter bilden sich kleinere Gruppen, basierend auf Fragen oder den notwendigen Kontakten, die hergestellt werden müssen, sobald jeder weiß, woran alle anderen arbeiten. Kurz gesagt, wenn alles sichtbar gemacht wird, treffen die Mitarbeiter bessere Entscheidungen darüber, wie die Arbeit erledigt werden soll, ohne dass zusätzliche Führungsebenen erforderlich sind. **Klarheit, nicht Kontrolle und Überwachung durch das Management, gibt Ihnen bessere Entscheidungen.**

### Sie bringen Kunden in Ihre Systeme

Menlos Engagement für Klarheit hört nicht bei seinen Mitarbeitern auf. Die Kunden haben tatsächlich auch einen Platz in all dieser Transparenz. Wöchentlich kommen Kunden ins Büro und helfen bei der Entscheidung, woran gearbeitet wird und was nicht wichtig ist. Die Programmierer haben alle Aufgaben aufgeschrieben, an denen sie für ein bestimmtes

Projekt arbeiten könnten (einschließlich einer Schätzung der jeweils benötigten Stunden, angegeben durch die Größe der Karte für diese Aufgabe), und diese Karten werden dann von dem Kunden dahingehend analysiert, wie viel Budget in jener bestimmten Woche zur Verfügung steht. Karten, die in dem genehmigten Plan für die Woche aufgenommen werden, werden bearbeitet, Karten, die nicht in diesem Plan enthalten sind, werden nicht bearbeitet. Keine Überraschungen. Kunden erhalten außerdem eine wöchentliche »Show & Tell« Sitzung vom Projektteam, damit sie über die Ergebnisse der Arbeit informiert sind, die dann ihre nächsten Entscheidungen über die Arbeitsprioritäten für die nächste Woche bilden.

Für viele Unternehmen klingt es wie ein Albtraum, den Kunden oder einen Sponsor in die wöchentliche Entscheidungsfindung rund um das Projektmanagement einzubeziehen. Das traditionelle Management geht davon aus, dass Entscheidungen immer in die Hände der Experten gelegt werden sollten, die für diese Entscheidungen am besten gerüstet sind. Da die Kunden per Definition weniger über die Arbeit innerhalb des Unternehmens informiert sind, erscheint es logisch, sie aus den Entscheidungen der Organisation über die Erledigung der Arbeit auszuschließen.

*Unsere Organisation ist sehr an externer Transparenz interessiert - genug, um ein Überprüfungskomitee zu haben, das berücksichtigt, wen wir sponsern und von wem wir Geld annehmen. Dieses Komitee lehnte zum Beispiel 1 einer Million US-Dollar von einem Sponsor ab, weil wir der Meinung waren, dass die Sponsorenfirma unsere Mission nicht verkörpert.*

- Ein Millennial, geb. 1987

Leider funktioniert diese Logik in der Theorie besser als in der Praxis, da die Praxis komplexer ist. In Menlos Fall weiß der Kunde tatsächlich viel mehr als Menlo über bestimmte Aspekte des Projekts, und diese Aspekte sollten bei der Entscheidungsfindung eine Rolle spielen. Durch die Nutzung von Klarheit und die Darstellung der Details über die Aufgaben und deren voraussichtliche Dauer in Verbindung mit der wöchentlichen Darstellung und Berichterstattung über die Ergebnisse (dem Show & Tell) bringt der Kunde dann die richtigen Teile seiner internen

Vorstellung in die Entscheidungsfindung ein. Die Kunden teilen den Menlo-Programmierern nicht mit, wie sie den Code schreiben sollen, und sie haben nicht die Berechtigung, zu verlangen, dass bestimmte Arbeiten schneller erledigt werden, als es die Programmierer schätzen. Ihre Entscheidungsbefugnis ist also begrenzt. Aber, indem sie ein System schaffen, in dem mehr sichtbar ist – für jeden –, wird einfacher, Entscheidungen in einer kooperativen Art und Weise zu analysieren, bei der jedermanns relative Expertise einbezogen wird bei der Entscheidungsfindung.

*Das Unternehmen ist zu 100 Prozent transparent. Wir als Mitarbeiter sind uns der Mittel, Unternehmensziele, aktuellen Änderungen, bevorstehenden Änderungen bis hin zu den letzten lustigen Dingen bewusst, die das jüngste Kind unseres CEO gesagt hat.*

*Bei [uns] geht es darum, als Einheit zu agieren und ehrlich und direkt zu sein.*

- Ein Millennial, geb. 1984

# Zum Mitnehmen: Machen Sie Ihre Organisation Klar

Irgendwann in diesem Kapitel haben Sie sich wahrscheinlich etwas gesagt wie: »Ja, aber meine Organisation ist nicht wie Menlo Innovations, also würde das hier niemals funktionieren.« Sie haben wahrscheinlich mit Interesse angefangen, über die Idee zu lesen, mehr Klarheit in Ihr Unternehmen zu bringen und die Qualität Ihrer Entscheidungen zu verbessern, aber als Sie die Information bekamen, dass in dem Menlos Büro mehrmals pro Woche Kunden eintrafen, um Aufgaben im Stundenbereich zu planen, haben Sie möglicherweise die Idee aufgegeben.

Geben Sie die Hoffnung nicht auf. Sie müssen nicht wie Menlo sein, um Klarheit zu erlangen.

Dass Sie es nicht genauso umsetzen können, bedeutet nicht, dass Sie einige der Techniken nicht verwenden können, die natürlich an Ihren Kontext angepasst sind. (Wir verwenden tatsächlich eine Version von Menlos Projektplanung in unserer eigenen Beratungsfirma »Culture That

Works«.) Die Art und Weise, wie Menlo-Mitarbeiter Dinge aufschreiben, die jeder vor, während und nach der Arbeit sehen kann, könnte definitiv in nahezu jeder Organisation, jeder Größe, in jeder Branche angewendet werden. Aber am Ende geht es nicht um die Praktiken. Es geht um die Kultur. Um Ihnen dabei zu helfen, finden Sie hier einige Empfehlungen.

### Definieren Sie Ihre Unternehmenskultur

Genau wie *Digital sein* ist *Klar sein* etwas, das Sie in Ihre Kultur einbetten. Die spezifischen Praktiken sind ein wichtiger Teil davon. Wenn Sie sich jedoch ausschließlich auf diese Praktiken und Prozesse konzentrieren, insbesondere auf jene, die in einer anderen Kultur als Ihrer entwickelt und angewendet wurden, werden Sie schnell enttäuscht sein. Und trotz der weit verbreiteten Meinung, dass Kultur sehr schwer zu verstehen und noch schwerer zu ändern ist, verändern viele Unternehmen ihre Firmenkultur erheblich über einen Zeitraum von Monaten und nicht über Jahre hinweg.

Eine vollständige Transformation eines großen Unternehmens? Ja, das wird einige Zeit dauern. Aber herausfinden, wie Sie Klarheit in Ihre Kultur einbetten können, um intelligentere Entscheidungen treffen zu können? Das ist in Ihrer Reichweite.

Kultur ist im Wesentlichen das, was innerhalb einer Organisation wirklich geschätzt wird. Kultur wird dann innerhalb von Organisationen durch die Wörter ausgedrückt, die sie verwenden, aber vor allem durch ihre Handlungen und ihre internen Prozesse. Hier ist unsere offizielle Definition (Sie können diese gerne an Ihre Bürowand kleben):

**Organisationskultur ist die Sammlung von Wörtern, Handlungen, Gedanken und anderer »Kram«, die klarstellen und verstärken, was ein Unternehmen wirklich schätzt.**[36]

---

[36] Jamie Notter, *Culture that Works: How Getting Serious About Culture Unlocks New Performance* (Washington, DC: Culture That Works LLC,

Es ist alles das – von dem, was in Ihrer Firmenbroschüre darüber steht, was Ihre Kultur ist, bis hin zu den zugrunde liegenden Überzeugungen, Einstellungen und Gewohnheiten, die Sie möglicherweise selber nur schwer erkennen können, da diese so tief verwurzelt sind. Vor allem aber wird Kultur durch die Art und Weise lebendig, wie Menschen zusammenarbeiten. Und eine starke Kultur kann eine direkte Verbindung zwischen dem herstellen, was wirklich geschätzt wird und was speziell den Erfolg des Unternehmens antreibt. Sie schätzen Dinge nicht, nur weil diese gut klingen. Sie schätzen diese, weil sie funktionieren. Das ist Ihre Herausforderung hier.

Wo kann mehr Klarheit den größten Einfluss auf Ihren Erfolg haben, und wie müssen Sie dann anders vorgehen, um diese Ergebnisse zu erzielen?

Am Ende werden die Antworten für Sie und Ihre Organisation ganz individuell sein. Rich Sheridan von Menlo stellte fest, dass die Einführung radikaler Klarheit im Projektmanagementprozess, in dem nichts passiert ist, wenn es nicht handgeschrieben auf einer Karteikarte geschrieben wurde, einen unglaublichen Einfluss auf die Qualität der zu entwickelnden Software, die Effizienz der Organisation und die Effizienz und das Engagement seiner Mitarbeiter hatte.

Eine andere Organisation, mit der wir zusammengearbeitet haben, hat etwas völlig anderes identifiziert. Es handelt sich um einen kleinen Auftragnehmer der Regierung, der sowohl innerhalb als auch außerhalb einer großen Agentur erfolgreich arbeiten musste, und die Mitarbeiter erkannten, dass der Kernwert des Miteinanders entscheidend für die Aufrechterhaltung des Erfolgs des Unternehmens und erforderlichen empfindlichen Gleichgewichts war. Das bedeutete, dass die Mitarbeiter viel mehr Aufmerksamkeit auf die Bewältigung von Konflikten legten, für eine offene Kommunikation sorgten und konsequenter zueinander standen. Sie haben tatsächlich nach diesen Kriterien eingestellt und entlassen.

---

2013), http://www.culturethatworks.net/products/culture-thatworks-e-book.

Der Punkt ist, dass Ihre Kultur für Ihren Kontext einzigartig sein wird. Machen Sie sich an die Arbeit, um das Kernthema für Ihre Unternehmung herauszufinden, denn selbst wenn Sie sich entschließen, es nicht zu definieren, wird das System es für Sie definieren, und – ganz nebenbei – Standardkulturen sind selten die mächtigsten. **Ist Ihre Kultur bewusst gestaltet oder standardmäßig? Sie entscheiden.**

### Überprüfen Sie Ihren Entscheidungsprozess

Der Zweck von *Klar sein* besteht darin, die Entscheidungsfindung zu verbessern. Wenn die richtigen Leute die richtigen Informationen zur Hand haben, treffen sie die richtigen Entscheidungen. Die Herausforderung besteht natürlich darin, herauszufinden, wie die maximale Menge an »richtig« in diesem Satz gewählt werden kann. Und vielleicht besteht die größere Herausforderung darin, dass die vorherrschende Art des Managements in den letzten einhundert0 Jahren (fälschlicherweise) gesagt hat, dass die Maximierung der Entscheidungsfindung eine Frage der Kontrolle, des Fachwissens und der Koordination war. Das Organigramm stellt ein Flussdiagramm für die Entscheidungsfindung dar, in dem schwierigere Entscheidungen an die höheren (und vermutlich erfahreneren) Manager weitergegeben werden. Dann werden Besprechungen verwendet, um sicherzustellen, dass Entscheidungen koordiniert werden. Wenn die dienstältesten Menschen die Entscheidungen nicht treffen, werden sie dennoch für diese zur Rechenschaft gezogen. Zusätzlich zu ihren Entscheidungen müssen sie diese irgendwie »überwachen«.

> *Ein anderer Mitarbeiter, der schon lange im Unternehmen war, sagte mir, dass die Gehälter generell eingefroren seien. Dies ist im Büro nicht öffentlich bekannt und wurde mir vom Management nie mitgeteilt. Ich denke, wenn ein Unternehmen finanzielle Probleme hat, sollten die Verantwortlichen dies definitiv mit den Mitarbeitern teilen.*
>
> \- Ein Millennial, geb. 1984

Ist das ein optimales System? Ehrlich gesagt haben die meisten Organisationen keine Ahnung, weil sie die Wirksamkeit ihrer Entscheidungsfindung nicht systematisch untersuchen. Die Gesamtergebnisse werden sicherlich ausgewertet, und manchmal werden die Ergebnisse den Entscheidungen (insbesondere großen strategischen Entscheidungen) zugeschrieben. Die Wahrheit ist jedoch, dass Ihre Organisation auf einer dynamischen und fließenden Kette von Entscheidungen basiert, die von jedem Ihrer Mitarbeiter ständig getroffen werden. **Es reicht nicht aus, nur die großen Entscheidungen zu betrachten. Sie müssen das gesamte System betrachten.**

### Bewertung des Prozesses

Marcia Blenko, Michael Mankins und Paul Rogers vom Beratungsunternehmen *Bain and Company* haben eine Bewertung der organisatorischen Entscheidungsfindung für große Unternehmen entwickelt.[37] Die Bewertung bewertet die Entscheidungsfindung unter vier Gesichtspunkten:

- **Qualität.** Wie gut sind die getroffenen Entscheidungen und funktionieren sie gut?
- **Geschwindigkeit.** Können Sie Entscheidungen schneller treffen als Ihre Konkurrenten?
- **Ergiebigkeit.** Wie viele der Entscheidungen werden tatsächlich in Maßnahmen umgesetzt?
- **Anstrengung.** Wie viel Aufwand steckt in den Entscheidungen?

Ihre Untersuchungen ergaben, dass die ersten drei Aspekte der organisatorischen Entscheidungsfindung (Qualität, Geschwindigkeit und Ergiebigkeit) stark mit einer besseren finanziellen Leistung korrelierten. Der vierte Aspekt (Aufwand) war nicht so stark korreliert, belastete jedoch die Vorteile der anderen drei. Mit anderen Worten: Wenn Ihre Organisation

---

[37] Marcia Blenko, Michael Mankins, and Paul Rogers. *Decide and Deliver: Five Steps to Breakthrough Performance in Your Organization* (Boston: Harvard Business Review Press, 2010).

schnell qualitativ hochwertige Entscheidungen trifft, die häufig in Maßnahmen umgesetzt werden, aber eine große Anzahl von Hürden zu überwinden und Komitees einzuberufen sind, bevor die Entscheidungen getroffen werden, bedeutet diese »Aufwandssteuer«, dass Ihre Gesamtleistung nicht so hoch sein wird wie ohne diese Steuer. Wenn Sie für eine sehr große Organisation arbeiten, bietet Bain and Company eine Bewertung an, die in eine Datenbank mit Benchmark-Antworten anderer großer Organisationen eingebunden ist, damit Sie sehen können, wie Sie in diesem Vergleich abschneiden.

Wie wird das Entscheidungssystem Ihres Unternehmens bewertet? Wenn wir diese Arbeit mit kleineren Organisationen durchführen, stellen wir eine funktionsübergreifende Gruppe von Schlüsselmitarbeitern zusammen und lassen sie jeweils die Entscheidungen überprüfen, die sie in den letzten sechs Monaten getroffen haben. Wir lassen sie Entscheidungen nach Häufigkeit aufschlüsseln – wichtige Entscheidungen, die nicht so häufig getroffen werden, im Vergleich zu laufenden, regelmäßigen Entscheidungen, die häufig getroffen werden – und gruppieren dann innerhalb dieser beiden Kategorien die Entscheidungen nach Wichtigkeit oder wie wichtig sie für den Erfolg des Unternehmens sind.

Anschließend ermöglichen wir ein Gruppengespräch, um die wichtigen Entscheidungen des Unternehmens (sowohl die großen als auch die kleinen) zu untersuchen und zu bewerten, wie gut sie nach ähnlichen Kriterien abschneiden. **Hier geht es nicht darum, das Gespräch auf eine einzige Schlussfolgerung zu beschränken, ob eine Organisation bei der Entscheidungsfindung »gut« oder »schlecht« ist. Es geht darum, ein differenzierteres Verständnis des Entscheidungsfindungssystems innerhalb der Organisation zu erlangen.** Sie können dies auch tun, indem Sie beispielsweise nach Mustern für Qualität und Ergiebigkeit suchen. Machen bestimmte Abteilungen oder Ebenen in der Organisation die Entscheidungen besser? Erforschen Sie dies genauer, um die Elemente Ihrer Kultur aufzudecken, die sich auf Ihre Entscheidungen auswirken.

*Externe Transparenz ist aufgrund des öffentlichen Charakters der Organisation unbedingt erforderlich. Zentrale Entscheidungen sind intern nicht transparent. Zum Beispiel wird die Vision unserer Führungskräfte nicht unbedingt gut kommuniziert oder dahingehend verstanden, wie das tägliche Geschäft beeinflusst wird. Auf niedrigeren Ebenen spiegeln unterschiedliche Kulturen den Grad der erlebten Transparenz wider.*

- Ein Millennial, geb. 1984

An diesem Punkt sollten Sie in der Lage sein, Klarheit in das Gespräch zu bringen:

- Wo kann Transparenz die Entscheidungsfindung der Organisation verbessern?
- Sind einige Entscheidungen weniger effektiv oder langsamer, weil die Personen, die diese treffen, nicht zur richtigen Zeit über die richtigen Informationen verfügen?

Diese Art der Analyse gibt Ihnen einen Einblick, wo die Fähigkeit zur Klarheit in Ihrem Unternehmen gestärkt werden muss. Klarheit gibt Ihnen bessere Entscheidungen.

## Aktivieren Sie die Frontlinie

Eine der wichtigsten Erkenntnisse, die den Erfolg von Menlo Innovations als Softwareunternehmen vorangetrieben haben, ist das Bewusstsein für eine Lücke im traditionellen Software-Design-Prozess, die Software-Designer und Endbenutzer voneinander trennt. Das heißt, Designer verbringen die meiste Zeit damit, die Software zu verstehen und nicht genug Zeit, um die Erfahrungen der tatsächlichen Benutzer zu verstehen – und nicht nur deren Erfahrungen mit der Software, sondern auch all ihre Erfahrungen, die mit der Verwendung der Software zusammenhängen.

Um diese Lücke zu schließen, setzt Menlo seine *High-Tech-Anthropologen* ein, die die meiste Zeit außerhalb des Büros verbringen. Sie beobachten Benutzer in deren natürlichen Arbeitsumgebung und lernen, wer sie sind, wie sie denken und worauf es ihnen ankommt. Diese Informationen dienen mit als Grundlage bei den wichtigen Entscheidungen, die im Software-Design-Prozess getroffen werden – Entscheidungen, die ohne diese umfangreichen Kontextinformationen nicht so effektiv gewesen wären. Beim Entwurf eines Softwaresystems für ein Büro innerhalb einer Bezirksregierung wurden beispielsweise Bildschirmschonerbilder von idyllischen Strandszenen berücksichtigt, da die Designer bemerkt hatten, dass die Mitarbeiter häufig Postkarten solcher Bilder an ihren Wänden hatten (um den Stress im Umgang mit unzufriedenen Bürgern in Bezug auf die Bezirksbürokratie zu verringern). Menlo entwarf Systeme und Prozesse, mit denen diese Art von Informationen in die Hände der Entscheidungsträger gelangen konnte – derjenigen, die den Software-Code schreiben.[38]

# Entwerfen einer Transparenzarchitektur

**Verwenden Sie die Erkenntnisse aus Ihrer Entscheidungsfindungs-Analyse für die Optimierung Ihres Unternehmens in Bezug auf Klarheit, um ein System des bewussten Informationsaustauschs zu schaffen, das zu besseren Entscheidungen führt.**

Unabhängig davon, wo Sie sich in der Organisation befinden, können Sie zunächst Fragen zur Transparenz und zum Zugriff auf weitere Informationen stellen, so wie wir es in unserer Forschung getan haben. Wir haben unsere Millennial-Befragten gefragt:

»Wie reagiert Ihr Unternehmen auf sich ändernde Erwartungen in Bezug auf Transparenz (sowohl intern als auch extern) in der heutigen Geschäftswelt?«

Sie werden feststellen, dass diese Frage sehr bewusst davon ausgeht, dass sich die Erwartungen an Transparenz ändern (was sie tun), aber nicht vorurteilsbehaftet oder negativ ist. Wir fragen: »Wie reagieren Sie?«

---

[38] Richard Sheridan, *Joy, Inc.: How We Built a Workplace People Love* (New York: Portfolio/Penguin, 2013).

und nicht »Warum sind Ihre Prozesse immer noch hundsmiserabel?«, weil ersteres proaktive Handlungs-Antworten fördern.

In *Humanize* haben wir über eine Finanzplanungsorganisation[39] geschrieben, die ein System aufgebaut hat, um sicherzustellen, dass die richtigen Informationen vom nationalen Hauptsitz in die Filialen gelangen, damit die Vertreter die Fragen der Kunden besser beantworten können. Das System wurde als »Transparenzarchitektur« bezeichnet, und nach seiner Einführung sank die Fluktuationsrate bei den Filialmitarbeitern von 22 Prozent auf 11 Prozent.

Wie würde eine Transparenzarchitektur in Ihrem Unternehmen aussehen? Die Antwort ist einzigartig für Ihre Situation, aber hier sind einige Empfehlungen, um Ihnen den Einstieg zu erleichtern.

## Alle Daten freigeben

Der naheliegendste Bereich für Ihre Transparenzarchitektur ist die elektronische Freigabe von Daten für alle Teile des Systems. Dies ist das digitale Zeitalter. Finden Sie daher Möglichkeiten, um sicherzustellen, dass grundlegende Daten über das Unternehmen für diejenigen, die sie benötigen, elektronisch zugänglich sind. Wie oben erwähnt, sind Finanzdaten häufig ein Bereich, in dem ein verstärkter Datenaustausch zu besseren Entscheidungen führen kann. Die Mitarbeiter von *Morning Star*, einem Tomatenverarbeitungsunternehmen, treffen ihre eigenen Entscheidungen über den Kauf von Geräten, da jedes Team ein klares Verständnis für seine eigene Rentabilität hat. Aber hören Sie nicht bei den Finanzdaten auf. Können Sie Informationen von Benutzern und Kunden sammeln und zugänglich machen, wie es die Hightech-Anthropologen von Menlo tun? Und wenn Sie Zugriff darauf haben, können Sie Erkenntnisse aus der Analyse von »Big Data« teilen?

---

[39] Notter und Grant, *Humanize*, Seite 161.

Berücksichtigen Sie auch die folgenden Fragen zum Datenaustausch:

- Wo werden Daten gespeichert?
- Wie sind Daten organisiert?
- Wo können Sie mehr interne Daten teilen?
- Wo können Sie mehr externe Daten teilen?
- Wie können Sie Analysen und Erkenntnisse zu den Daten bereitstellen?

*Wir halten mehr Besprechungen ab, aber nur mit denjenigen, die für das jeweilige Projekt tatsächlich dabei sein müssen, damit die Personen, die die Informationen benötigen, diese erhalten können. Wir haben auch ein öffentliches Laufwerk, auf dem jeder seine Informationen und Projekte auf einem Server teilen kann, um zu erfahren, woran jeder arbeitet, und wir haben einmal im Monat regelmäßige Abteilungssitzungen, um die Aufgabenliste aller zu überprüfen. Jeder Mitarbeiter hat Zugriff auf die Budgetplanung, den Strategieplan und andere Unterlagen für Führungskräfte, sodass sich alle Mitarbeiter in der Organisation auf derselben Seite befinden.*

- Ein Millennial, geb. 1989

### Machen Sie sich klar, wer entscheidet

Die richtigen Informationen für die Entscheidungsfindung zu erhalten, sollte ein Teil Ihrer Transparenzarchitektur sein. Eine ebenso wichtige Komponente besteht darin, sicherzustellen, dass die gesamte Organisation genau weiß, wie Entscheidungen getroffen werden.

- Wer trifft welche Entscheidungen?
- Wer gibt die Genehmigung zur Durchführung und wer muss einen Beitrag zur Entscheidungsfindung leisten?

Mangelnde Klarheit in diesen Fragen ist häufig ein großer Hemmschuh für gute Entscheidungen. In einem Memo eines leitenden Angestellten bei Yahoo aus dem Jahr 2006 wurde beanstandet:

*Es gibt so viele Verantwortliche (oder die glauben, dass sie verantwortlich sind), dass nicht klar ist, ob überhaupt jemand verantwortlich ist.*[40]

Nehmen Sie sich Zeit, um ein einfaches Bild darüber zu zeichnen, wer was tut, und stellen Sie dann sicher, dass diese Entscheidungsregeln allen in der Organisation zur Verfügung stehen.

## Standardmäßig Zugriff gewähren

Neben der Entscheidung darüber, wer entscheidet, ist ein Schlüsselelement Ihrer Transparenzarchitektur ein klares Verständnis darüber, wer in Ihrem Unternehmen Zugriff auf wen und auf welche Daten hat. In stark zentralisierten Systemen wird der Zugriff tendenziell strenger kontrolliert. Nur bestimmte Personen können sich mit Fragen oder Informationsanfragen an andere Personen wenden, und dies ist häufig durch die Hierarchie begrenzt. In dezentraleren Systemen sind die Mitarbeiter nicht so eingeschränkt. Beispielsweise wissen Mitarbeiter der Happy State Bank (siehe Kapitel 6), dass sie ihre leitenden Angestellten – sogar den CEO – jederzeit anrufen können, wenn es notwendig ist. Und selbst mit sechshundert Mitarbeitern wird der CEO Ihren Namen richtig verstehen und wahrscheinlich so viel über Sie wissen, um zu fragen, wie sich Ihre Kinder letzte Woche beim Spiel geschlagen haben.

Es gibt keinen richtigen Weg, dies zu tun, aber Zugriffsbeschränkungen bringen Einschränkungen des Informationsflusses mit sich. Stellen Sie daher sicher, dass Ihre Zugriffsregeln den Anforderungen Ihrer Transparenzarchitektur entsprechen.

---

[40] Blenko, Mankins, und Rogers. *Decide and Deliver*, Seite 90.

# Von *Klar sein* zu *Flexibel sein*

Lassen Sie uns noch einmal zusammenfassen, wo wir uns bisher befinden. Wir haben festgestellt, dass Millennials in der Belegschaft angekommen sind, mit der Erwartung (oder Hoffnung), dass deren digitalen Anforderungen erfüllt werden: Die richtigen Technologien, ein Fokus auf den Benutzer sowohl intern als auch extern, sowie die Fähigkeit zu lernen und zu innovieren. Von dort aus wissen die Millennials, dass sie, um die Arbeit gut zu erledigen, in der Lage sein sollten, die benötigten Informationen in den Organisationen schnell in ihre Finger zu bekommen, genau wie sie es mit einem Fingerwisch über die Smartphones in den Taschen tun. Sie werden frustriert sein, wenn sie keinen Zugang zu dem Wissen haben, das sie für Entscheidungen benötigen. Sie werden durch Amtsschimmel und Bürokratie matt gesetzt. Sie werden sich fragen, warum die Rolle des Managements darin besteht, Maßnahmen zu blockieren – und sie werden Schritte unternehmen, um dies zu ändern.

**Was würden Sie tun, wenn Sie in der Lage wären, die Bürokratie abzubauen? Reden wir über *Flexibel sein*.**

;)

# 5. Flexibel sein

Als Jason Stirman ein Team der Mitarbeiter von Twitter leitete, war er frustriert über die Ergebnisse, die er durch Befolgen der traditionellen *Best Practices* für das Management erzielt hatte. Management-Lehrbücher und sogar seine Mentoren rieten ihm, seine direkten Untergebenen von den Dingen zu isolieren, damit sie sich produktiver auf ihre Arbeit konzentrieren können, aber er fand, dass dieser Ansatz fehlschlug. »Sie wurden nur wütend und verwirrt und waren von den Arbeitsabläufen abgetrennt«, erklärte Stirman. »Ich habe all diese Informationen ständig zensiert, aber sie waren glücklicher, wenn sie alles wussten.«[41]

Er stellte auch fest, dass er bessere Ergebnisse bei der Bewältigung von Konflikten zwischen seinen Mitarbeitern erzielte, indem er einfach die Menschen ermutigte, sich besser kennenzulernen. Sobald die Beziehungen aufgebaut waren, lösten seine Leute ihre Konflikte auf eigene Faust.

> *Dies war ein Konflikt, der mich nachts buchstäblich wach hielt, und sobald es Platz für sie gab, sich als Menschen zu verbinden, wurde er behoben.*[42]

Einige Jahre später wechselte Stirman von Twitter zu einer neuen Firma namens *Medium*, die von Ev Williams, Mitbegründer von Twitter, gegründet wurde, und setzte dort seine Experimente mit neuen Wegen des Managements fort. Diesmal gingen Stirman und seine Kollegen bei

---

[41] Brian Robertson, »The History of Holacracy®: The Discovery of an Evolutionary Algorithm,« *Medium*, https://medium.com/about-holacracy/history-of-holacracy-c7a8489f8eca (aufgerufen am 20. Dezember 2014)

[42] Robertson, »The History of Holacracy®«

Medium tiefer und führten ein experimentelles neues Managementsystem namens Holacracy ein. Holacracy ist ein System zur Führung und Verwaltung von Organisationen, die erheblich von den traditionellen Organisationsstrukturen abweichen. Anstelle von statischen Berichtslinien und Kästchen zur Darstellung von Autoritätsbeziehungen, organisiert sich die Holacracy rund um Kreise und Prozesse, die sich in ständiger Veränderung befinden und für eine kontinuierliche Verbesserung ausgelegt sind. Es wurde als »Betriebssystem« für die Organisation beschrieben, das es einem Unternehmen ermöglicht, organischer zu wachsen und sich zu entwickeln, sodass mehr Mitarbeiter in der Organisation Entscheidungen treffen und relevante Probleme lösen können.

Holacracy ist das Ergebnis einer Reihe von Experimenten, die von Brian Robertson und seinen Kollegen bei Ternary Software durchgeführt wurden, einem Unternehmen, das Robertson mit der ausdrücklichen Absicht gegründet hat, einen besseren Weg zu finden, um Organisationen zu führen. Seine Suche wurzelte in einer Erfahrung, die in Organisationen nur allzu häufig vorkommt: Das Gefühl, dass wir, obwohl wir wissen, dass unser derzeitiger Arbeitsansatz nicht optimal ist, nicht in der Lage zu sein scheinen, uns tatsächlich zu bewegen und Dinge zu ändern. Robertson wollte ein konkretes und reproduzierbares System schaffen, das die Hindernisse beseitigt, die uns daran hindern, die Arbeit besser zu machen.

Die ersten Experimente von Robertson konzentrierten sich darauf, die Unternehmenskultur auf eine Weise aufzubauen, die ziemlich vertraut klingen sollte: Schaffung von Grundwerten, Bestreben, Menschen zu stärken und Schwerpunkt auf Lernen und Entwicklung zu legen. Anschließend begannen er und seine Kollegen, die Prinzipien der agilen Softwareentwicklung in die Organisation zu integrieren, wobei der Fokus auf selbstorganisierende Teams, Transparenz sowie adaptive Planung und Reaktion gelegt wurde. Sie untersuchten auch eine Reihe verschiedener kollaborativer Entscheidungsprozesse, darunter einen, der in den 1970er Jahren in einem niederländischen Unternehmen unter dem Namen »Sociocracy« verwendet wurde, der ursprünglichen Inspiration für den Namen Holacracy.

Aber keines der einzelnen Experimente hat alle wichtigen Elemente erfasst. Sie wussten, dass die traditionellen Kommando- und Kontrollsysteme, in denen Chefs und Manager die Arbeit kontrollierten und diktierten, nicht so effektiv waren wie die von ihnen implementierten agilen Software-Design-Praktiken, aber auch die rein dezentralen und kollaborativen Modelle fühlten sich häufig mangelhaft an. Dies führte zu dem, was sie als langsame und schmerzhafte »Tyrannei des Konsenses« bezeichneten. **Ein entscheidender Durchbruch bei der Gestaltung des Holacracy-Modells war die Idee, dass die Autorität in einer Reihe von Rollen und nicht in einer Hierarchie von Personen verteilt werden sollte, damit das dezentrale System mit den Anforderungen der Organisation Schritt halten kann.** Wenn Probleme oder »Spannungen« im System erkannt werden, ermöglicht das Holacracy-System Personen mit Fachwissen, das für bestimmte Probleme relevant ist, schnell die Autorität zu erhalten, die sie zur Lösung dieser Probleme benötigen.

Dies ist genau die Art von System, nach der Stirman und seine Kollegen bei Medium gesucht haben. Holacracy hilft ihnen dabei, Kreise von selbstorganisierten Mitarbeitern zu bilden, die zusammenarbeiten müssen, um Dinge zu erledigen. Alles ist explizit, daher gibt es keine Verwirrung darüber, wer welche Rolle innehält und welche Autorität hat. Laut Stirman hilft ihnen das System dabei, schneller und agiler zu sein:

> *Sie müssen nicht warten, bis sich auch der letzte zu Wort gemeldet hat. Dies kann Wochen oder Monate dauern, und an der Stelle sagt Holacracy: »Wisst ihr was? Wir werden die besten Leute einstellen, die wir kennen, und ihnen vertrauen, dass sie Entscheidungen für uns treffen.« Den ganzen Tag treffen Menschen Entscheidungen, haben die Herrschaft über Teile des Unternehmens und handeln danach. Der Schwung, den dieses Handeln erzeugt, überwiegt bei weitem den Effekt von jemanden, der eine schlechte Entscheidung trifft. Auch Sie haben das Momentum, den Kurs schnell zu ändern.*[43]

---

[43] »How *Medium* is Building a New Kind of Company With No Managers,« *First Round Review*, http://firstround.com/article/How-Medium-is-building-a-new-kind-of-company-with-no-managers (aufgerufen am 20.Dezember 2014).

Und es sind mehr als nur Tech-Startups, die sich für dieses dezentrale System interessieren. 2014 hat sich der Online-Händler Zappos für Holacracy entschieden. Zappos beschäftigt eintausendfünfhundert Mitarbeiter, die im Rahmen des neuen Systems in rund vierhundert Kreise unterteilt werden (die erst nach dem Druck dieses Buches vollständig eingeführt werden. Wir werden also gespannt sein, wie es sich entwickelt). Einige bezweifeln, dass das System auf dieses Niveau skaliert werden kann, und tatsächlich ist es die größte Organisation, die das Holacracy-System bisher verwendet.

## Was ist *Flexibel sein*

Inwieweit die Holacracy-Implementierung von Zappos erfolgreich ist oder fehlschlägt, ist eigentlich nur eine Nebengeschichte in der größeren Erzählung, die sich im Management hinsichtlich der Transformation von Hierarchien in Organisationen heute abspielt. Das Management wurde im späten 19. und frühen 20. Jahrhundert erfunden, um sich hauptsächlich mit einem Thema zu befassen: der Skalierung. Wenn Ihre Wirtschaft hauptsächlich aus verstreuten Städten besteht, in denen Landwirte und lokale Unternehmen leben, die Einzelpersonen und Familien gehören, brauchen Sie kein »Management«, wie wir es heute kennen. Als wir jedoch in das Industriezeitalter eintraten, mussten in unserer Wirtschaft größere Gruppen von Menschen zusammenkommen, um große Mengen an Waren und Dienstleistungen zu produzieren. Um diese Größenordnung zu erreichen, brauchten wir Management und speziell: Hierarchie. Die ersten Organigramme stammen aus dem späten 19. Jahrhundert und stammen aus der Eisenbahnindustrie. Um ein Unternehmen in dieser Größenordnung zu verwalten, musste das gesamte System wissen, wer für was verantwortlich war – beispielsweise wer würde wem Telegramme senden mit der Information, wo die Gleise defekt waren und was mit diesen Informationen geschehen würde. Ohne eine Struktur, die dies definiert, würde das System gefährlich ineffizient bleiben.

Und so wurde die Bürokratie geboren. Trotz der daraus resultierenden Effizienz haben wir nicht lange gebraucht, um unsere Hierarchien zu hassen. Der Begriff »Bürokratie« wurde im späten 19. Jahrhundert geprägt und bezog sich hauptsächlich auf Behördenbüros, hatte aber immer einen abwertenden Unterton. Unsere Produktivität und Effizienz nahmen zu, aber auch unsere Frustration über verschiedene Aspekte der Bürokratie, wie einzelne Abteilungen oder Manager, die versuchten, die Macht über ihre »Lehen« zu festigen, oder die blinde Einhaltung von Richtlinien und Verfahren, die ihre Nützlichkeit überlebt hatten. Wir hatten Mühe, uns durch den Dschungel der Behördenbürokratie zu kämpfen, und schüttelten den Kopf, als technische Experten erfolglos in Führungspositionen versetzt wurden, einfach weil dies der einzige Weg ist, wie sie in der Organisation vorankommen können.

Wir haben im letzten Jahrhundert eine unglaubliche Weltwirtschaft aufgebaut, aber einige argumentieren, dass die Kosten – die negativen Aspekte der Bürokratie – die Vorteile überwiegen könnten. In einem Fortune-Blogbeitrag erklärt der Managementautor Gary Hamel, dass »Bürokratie sterben muss«, weil sie Reibung erzeugt, Dissens erzeugt, Initiative verhindert und Innovationen vereitelt.[44]

Markiert Holacracy also das Ende der Hierarchie im Management? Nicht genau. Während Hamels Punkte zu den Problemen der Bürokratie in der Tat angesprochen werden sollten, werden wir die Hierarchie niemals ganz loswerden. **Hierarchien in allen menschlichen Systemen bieten neben Effizienz und Koordination einen entscheidenden Vorteil, auf den wir einfach nicht verzichten können: Sie reduzieren die kognitive Belastung.** Einer der Hauptwerte von Hierarchien ist die Art und Weise, wie sie bestimmte Aspekte unseres Organisationslebens vorgeben. Sie erklären im Voraus, wer bestimmte Entscheidungen treffen darf, und sie bestimmen sogar, wer sprechen darf oder wo Menschen unter bestimmten Umständen sitzen. Infolgedessen können wir diese Dinge von unserer Liste der Dinge streichen, über die wir bei unserer Arbeit nachdenken müssen, und das macht das Leben für alle einfacher. Studien

[44] Gary Hamel, »Why Bureaucracy Must Die«, *Fortune*, 26. März 2014, http://fortune.com/2014/03/26/why-bureaucracy-must-die/ (aufgerufen am 20. Dezember 2014).

haben gezeigt, dass Menschen Hierarchien im Allgemeinen negativ beurteilen, zeigen aber auch, dass sie »glücklicher, ruhiger und produktiver sind, wenn Macht- und Statusunterschiede vorhanden und gut verstanden sind«.[45]

Je mehr wir auf unseren mentalen Schirm haben (unsere kognitive Belastung), desto schwieriger ist es, unsere Arbeit zu erledigen. Hierarchien reduzieren diese Belastung für uns. Unser Wunsch, die Hierarchie abzuschaffen, ist letztendlich falsch, da die Vorteile, die sich aus der Lösung bürokratischer Frustrationen ergeben, durch neue Probleme aufgewogen werden können, die durch eine erhöhte kognitive Belastung verursacht werden.

## Flexible Hierarchien

Die Lösung besteht darin, eine Hierarchie zu erstellen, die flacher und durchlässiger ist. Eine flache Hierarchie mag wie ein Oxymoron klingen, aber denken Sie daran, dass eine Hierarchie einfach ein System zur Verteilung von Autorität ist – verschiedene Personen haben am Ende mehr Autorität als andere über bestimmte Entscheidungen. **Die Aufrechterhaltung einer verteilten Autorität erfordert jedoch nicht unbedingt den sehr vertikalen Charakter der traditionellen Managementhierarchie.** Vertikale Hierarchien konsolidieren die Entscheidungskompetenz in einer kaskadierenden Struktur von Managern. Je höher Sie in der Struktur stehen, desto mehr Autorität haben Sie, und schlussendlich mündet es in einer einzelnen Person an der Spitze. Dies reduziert die kognitive Belastung, da wir eine relativ kleine Anzahl von »Verantwortlichen« gut im Auge behalten können, und die meisten Leute betrachten dies als den besten Weg, um sicherzustellen, dass jeder im System zur Rechenschaft gezogen werden kann. Es scheint unmöglich, diese Hierarchien zu reduzieren, da dies einfach bedeuten würde, jeder Ebene mehr Personen

---

[45] Robert I. Sutton und Huggy Rao, *Scaling Up Excellence: Getting to More Without Settling for Less* (New York: Crown Business, 2014), 108.

hinzuzufügen, was den Zweck der Klärung der Verantwortlichen zunichte und die Rechenschaftspflicht unübersichtlicher macht.

Das stimmt, aber nur, weil wir davon ausgehen, dass eine Hierarchie statisch sein muss. Managementhierarchien wurden in einer einfacheren Zeit erfunden. Eisenbahnschienen bewegen sich nicht. Sie könnten eine Entscheidungsstruktur für die Verwaltung der Gleisarbeit zu einem bestimmten Zeitpunkt entwerfen und mit Sicherheit erwarten, dass sie in den kommenden Jahren auf die gleiche Weise funktioniert, da sich die Gleise nicht ändern. Mit diesem Ansatz haben wir die Abläufe vieler Arten von Organisationen sehr schnell skaliert. Daher war es immer eine Selbstverständlichkeit, dass Organisationen eine vollständige Struktur der Entscheidungsbefugnisse entwerfen und erwarten konnten, dass sie so wie entworfen funktioniert, in jedem Kontext. Es stellt sich heraus, dass die Inflexibilität unserer Hierarchien tatsächlich das vertikale Design erfordert. Wenn Sie dieses einzelne Bild von Autorität erst einmal zu einem bestimmten Zeitpunkt entworfen haben, müssen Sie anschließend die Autorität zwangsweise in überschaubare Teile zerlegen. Eine statische Hierarchie muss vertikal sein, damit sie ordnungsgemäß funktioniert. Diese beiden Aspekte gehen Hand in Hand.

Aber im Internetzeitalter ist nichts statisch.

*Wir hatten nie eine traditionelle Struktur, haben uns aber weiterhin den Trend zu einer holokratischen Organisation auf der Ebene der Vize-Präsidenten beibehalten. Dies bedeutet nicht, dass alle Informationen allen Parteien bekannt sind, sondern dass die Menschen informiert und befugt sind, Maßnahmen zu prüfen, zu analysieren und zu bestimmen, an denen sie direkt beteiligt sind, und bei Themen, in denen sie in erster Linie begrenzte Kenntnisse haben, nicht im Weg stehen oder unkoordiniert handeln. Auf Unternehmensebene bestimmen einzelne Führungskräfte die Struktur, die für ihr Unternehmen am besten geeignet ist.*

- Ein Millennial, geb. 1987

## Veränderung ist die einzige Konstante

Wir alle erkennen, dass das Tempo der Veränderung durch die Decke gegangen ist und dass Störungen jetzt die Norm sind. Warum verlassen wir uns also auf statische, unflexible und damit vertikale Hierarchien?

Vor dem Internet konnten Sie Ihre glaubwürdigen Quellen für »Nachrichten« an einer Hand zählen, aber während des Staatsstreichs 2006 in Thailand war eine wichtige Quelle für Fotojournalismus eine »modebesessene College-Studentin namens »gnarlykitty«.[46]

Gnarlykitty verfügte nicht über journalistische Referenzen, aber zu diesem bestimmten Zeitpunkt wurde CNN in Thailand abgeschaltet, sodass Amateur-Nachrichtenquellen die besten Informationsquellen wurden. Im Internetzeitalter variiert die Definition von »Nachrichtenquelle« je nach Kontext und ist nicht immer dieselbe. Fachwissen kann heute über das soziale Internet validiert werden und nicht ausschließlich von einer Person, die höher in der Hierarchie steht.

## Kreise, keine Pyramiden

Der Sinn eines Systems wie Holacracy besteht darin, aus dieser statischen Form auszubrechen. Das System organisiert Menschen in Kreisen basierend auf ihrer Arbeit und ihren Fachgebieten und leitet dann disziplinierte Prozesse ein, mit denen Menschen in diesen Kreisen »Spannungen« identifizieren und lösen können, die auf Lücken zwischen Realität und Ideal beruhen. Es gibt separate Prozesse, um mit betrieblichen Spannungen (Arbeiten im Unternehmen) und Governance-Spannungen (Arbeiten an dem Unternehmen) umzugehen. Dies macht nicht alle gleich oder hebt die Hierarchie auf. Die Gründer von Medium haben die Kreise so gestaltet, dass sie Entscheidungsbefugnisse haben, die andere nicht haben, und solange dies das Geschäft weiter vorantreibt, ist das in Ordnung. Ev Williams, der Gründer von Medium, ist die einzige Person, die die Rolle der »Produktstrategie« innehat. Er entscheidet also, welche

[46] Clay Shirky, *Here Comes Everybody: The Power of Organizing Without Organizations* (New York: Penguin Books, 2009), 37.

Funktionalitäten veröffentlicht werden. Es gibt jedoch Kreise von Personen, die Entscheidungen darüber treffen, welche Ideen prototypisiert und gebaut werden. Das Holacracy-System soll allen bei Medium helfen, herauszufinden, ob diese Vorgehensweise sie behindert und wenn dem so ist, können sie es ändern.

**Es ist nicht das Fehlen einer Hierarchie oder die Einheitlichkeit der Entscheidungskompetenz, die eine Organisation fließend macht.** Es ist die Fähigkeit, diese Dinge zu verschieben und zu verwandeln, um mehr zu erreichen.

*In unserer Organisation haben wir begonnen, Kreise zu verwenden, bei denen es sich im Wesentlichen um Gruppen von vier bis sechs Personen handelt, die einer Initiative zugeordnet sind. Die Führer dieser Kreise erhalten die volle Entscheidungsbefugnis und können aus jeder Ebene innerhalb unserer Organisation sein.*

- Ein Millennial, geb. 1986

## Warum Millennials sich mit Dynamik befassen

Wie wir in Kapitel 2 betonten, wuchs die Millennial-Generation mit »verschwommenen Linien« um Autorität und Hierarchie auf, da ihre Eltern ein sehr aktiver Teil ihres Lebens waren. Beim Eintritt in die Belegschaft erwarten sie eine andere Rolle in der Hierarchie. Wie ein von uns befragter Millennial es ausdrückte:

> *Ich glaube nicht, dass der Top-Down-Ansatz eine effektive Führungsstrategie für die Zukunft sein wird. Das hat bei den Baby Boomers funktioniert, aber bei uns kann es definitiv nicht funktionieren. Unsere Generation ist anders und wir möchten das Gefühl haben, eine Stimme in der Organisation zu haben, für die wir arbeiten.*

Natürlich mögen solche Gefühle vertraut klingen, da im Laufe der Geschichte die jeweils jüngere Generationen ihre Frustration über ihre Erfahrungen am Fuß der Hierarchie zum Ausdruck gebracht haben, als sie in die Belegschaft eintraten. Millennials haben jedoch einen deutlichen Fokus auf die Verlagerung und Dynamik (d.h. die Flexibilität) von Autorität in Organisationen:

> *Ich habe persönlich festgestellt, dass – wenn ich sehen möchte, dass etwas passiert oder sich für uns etwas in einem Gebiet vorwärts bewegen soll – ich nicht jedes Mal darauf warten oder ich mich darauf verlassen muss, bis ein leitender Angestellter auf die passende Idee kommt. Also muss ich hervortreten und selber ein gemeinsames Meeting einberufen, um den Ball ins Rollen und die Leute zum Reden zu bringen. Sie werden zu einer Führungskraft, wenn Sie über die meiste Erfahrung oder das meiste Wissen verfügen, nicht unbedingt über die Länge der Amtszeit oder das Alter.*
>
> *Die heutige Arbeit wird in Teams durchgeführt, sodass der Top-Down-Ansatz langsam verblasst. Der Teamansatz ist am besten geeignet, da das Team Verantwortlichkeiten an Einzelpersonen, basierend auf deren Fachwissen, delegieren kann.*

**Eine fließende Hierarchie lernt, wie Entscheidungskompetenz und Handeln auf Einzelpersonen und Gruppen verlagert werden können, die im Kontext am besten gerüstet sind, um erfolgreich zu sein.** Dies bedeutet häufig, die Macht auf diejenigen zu verlagern, die den besten Zugang zu Informationen haben oder dem Kunden am nächsten sind, anstatt sich immer auf Führungskräfte in der Zentrale zu verlassen, die zwar über Erfahrung und Amtszeit verfügen, aber möglicherweise nicht über die kontextspezifischen Informationen oder Perspektiven verfügen, die erforderlich sind, um die richtigen Maßnahmen zu ergreifen. In traditionellen vertikalen Hierarchien werden das Denken und Analysieren häufig vom Handeln getrennt. Im Allgemeinen sind es die Manager, die denken und Ideen entwickeln, und von ihnen unterstehenden Mitarbeitern wird erwartet, dass sie die dafür notwendigen Maßnahmen durchführen. Dieser Ansatz funktioniert nur in einer sehr statischen Umgebung.

Mit anderen Worten, es funktioniert heute nicht und wird für Millennials niemals Sinn machen.

## Wie *Flexibel sein* aussieht

Natürlich ist das Holacracy-Betriebssystem nicht der einzige Weg, um eine dynamisch-fließende Hierarchie zu erreichen. Sie müssen lediglich die richtige Kombination von Prozessen und Zugriffsmöglichkeiten in Ihre Kultur einbauen, um mehr Flexibilität und Effektivität bei Ihrer Entscheidungsfindung zu ermöglichen.

> *Wir befinden uns in einer einzigartigen Atmosphäre voller Millennials, die alle interessante Ideen und Arbeitsstile haben. Unsere Führungskräfte konzentrieren sich alle darauf, den Teammitgliedern zu ermöglichen, ihre eigenen Projekte zu leiten, die zur Erreichung unserer Unternehmensziele beitragen, sodass jeder für den Erfolg unseres Unternehmens verantwortlich sein kann.*
> - Ein Millennial, geb. 1988

Eines der bekanntesten Beispiele für ein dynamisches Unternehmen in der heutigen Wirtschaftspresse ist das Tomatenverarbeitungsunternehmen *Morning Star*. Es wurde Ende 2011 in einer Titelgeschichte in der *Harvard Business Review* vorgestellt und steht seitdem unter anderem im Fokus der Zeitschrift *Inc.* und des *Drucker Institute*. Morning Star ist eine besonders überzeugende Geschichte für Flexibilität, da es sich nicht um ein kleines Silicon Valley-Startup handelt. Morning Star ist ein Tomatenverarbeitungsunternehmen mit Fabriken, Lastwagen und Farmen. Es gibt jedoch keine Manager, und jeder einzelne Mitarbeiter, einschließlich der Saisonarbeiter, hat die Befugnis, die Ausrüstung zu kaufen, die er oder sie benötigt, um die Arbeit zu erledigen. Dies ist ein Geschäft mit einem Jahresumsatz von siebenhundert Millionen US-Dollar mit bis zu zweitausendvierhundert Mitarbeitern in der Hochsaison. Und dennoch, kein einziger dieser Mitarbeiter benötigt eine Genehmigung, um eine Anschaffung zu tätigen.

Wir hörten, wie ein Mitarbeiter von Morning Star eine Geschichte über einen dieser Einkäufe erzählte, die er als Saisonangestellter getätigt hatte. Er hatte festgestellt, dass ein Laptop, der in einem bestimmten Bereich aufgestellt würde, in dem er arbeitete, es ermöglichen würde, einige Echtzeitdaten zu sammeln und den relevanten Personen anzuzeigen, was zu einer höheren Effizienz führen würde. Er brauchte keine Genehmigung, also gab er die eintausendfünfhundert Dollar aus und führte das Experiment durch. Es stellte sich heraus, dass seine Vorhersagen richtig waren, und als andere Teams von den Kosteneinsparungen erfuhren, begannen sie, seine Ideen im gesamten System umzusetzen, wodurch das Unternehmen mehr als einhunderttausend USD pro Jahr einsparte.

**Damit dies funktioniert, muss jedes Team seine eigene Rentabilität verstehen.** Morning Star bezahlt die Mitarbeiter tatsächlich für den Besuch grundlegender Buchhaltungskurse, da das System auf ihrem finanziellen Scharfsinn beruht.[47]

Wenn die Fähigkeit, die Rentabilität zu verstehen, unter den Mitarbeitern breiter aufgeteilt wird, ist es sinnvoll, diese Entscheidungskompetenz zu verteilen, anstatt sie bei den Managern zu konsolidieren. Morning Star ist auch stark auf Mitarbeiter angewiesen, um zu klären, wie sie miteinander arbeiten. Jeder schreibt einen »Colleague Letter of Understanding« (CLOU), in dem die Erwartungen mit jedem anderen Mitarbeiter, mit dem er im Rahmen seiner Arbeit zu tun hat, ausgehandelt werden. Leistungsmetriken werden in diesen Dokumenten behandelt und von den Personen ausgehandelt, die sie tatsächlich betreffen werden. Da diese Gespräche auf den realen Gegebenheiten beruhen, sind sie laut Morning Star wesentlich effektiver.[48]

---

[47] Leigh Buchanan, »One Company's Audacious Org Chart: 400 Leaders, 0 Bosses«, *Inc.*, 18. April 2013, http://www.inc.com/audacious-companies/leigh-buchanan/morning-star.html (aufgerufen 20. Dezember 2014).

[48] Gary Hamel, »First, Let's Fire All the Managers«, *Harvard Business Review*, December 2011, https://hbr.org/2011/12/first-lets-fire-allthe-managers/ar/1 (aufgerufen am 20. Dezember 2014).

**Das Wesentliche einer flexiblen Hierarchie ist ein verfeinertes Verständnis dafür, wie eine Gruppe von Menschen am effektivsten das erledigen kann, was getan werden muss.** Das war die Grundlage der ursprünglichen Holacracy-Experimente: Was hindert Sie daran, die Spannungen zu spüren und schnell zu lösen. Morning Star verlagerte seinen Fokus auf einzelne Teams und Einheiten und entwickelte neue Praktiken, die es den Teams ermöglichen würden, sich selbst zu verwalten. Das Unternehmen verzeichnete ein zweistelliges Wachstum bei praktisch null Mitarbeiterfluktuation.[49] Sobald Sie die Idee akzeptiert haben, dass »Manager« nicht so inhärent wertvoll sind, wie wir unser ganzes Leben lang glauben gemacht wurden, eröffnen sich alle möglichen Möglichkeiten, Dinge anders zu machen.

*Die heutige Arbeit wird in Teams durchgeführt, sodass der Top-Down-Ansatz langsam verblasst. Der Teamansatz ist am besten geeignet, da das Team Verantwortlichkeiten an Einzelpersonen, basierend auf deren Fachwissen, delegieren kann. Die Tage, in denen der Chef Ihnen sagt, was Sie tun sollen, sind vorbei ... bis zu einem gewissen Grad. Jetzt hat jeder die Möglichkeit, als Leiter eines Teams oder Projekts zu fungieren. Dies gibt Ihnen das Gefühl, wirklich zum Gesamterfolg des Unternehmens beizutragen, und vermittelt Ihnen ein Gefühl der Eigenverantwortung.*

*Ich glaube nicht, dass der Top-Down-Ansatz eine effektive Führungsstrategie für die Zukunft sein wird. Das hat bei den Baby Boomers funktioniert, aber bei uns kann es definitiv nicht funktionieren. Unsere Generation ist anders und wir möchten das Gefühl haben, eine Stimme in der Organisation zu haben, für die wir arbeiten. Hierarchien verschieben sich definitiv. Es ist nicht mehr von oben nach unten, sondern eher seitlich. Jeder ist gleich, wenn Sie sich in einer Teamumgebung befinden. Es versteht sich jedoch, dass eine Person für die Leitung des Projekts verantwortlich ist. Es ist jedoch die Arbeit des gesamten Teams erforderlich, damit das Projekt erfolgreich ist.*

- Ein Millennial, geb. 1984

[49] Paul Zak, »Managing Without Managers,« *Drucker Institute,* 6. Februar 2012, http://www.druckerinstitute.com/2012/02/managing-without-managers/ (aufgerufen am 20. Dezember 2014).

# Fallstudie: Quality Living, Inc.

Quality Living, Inc. (QLI) ist ein Unternehmen in Omaha, Nebraska, das Rehabilitationsleistungen für Personen mit Hirn- und Rückenmarksverletzungen anbietet. Das ist keine leichte Arbeit. Das Leben der Patienten liegt in Scherben, und der Genesungsprozess ist schmerzhaft und herausfordernd. Die Dienstleistungen werden auf dem Wohncampus von QLI erbracht, auf dem dreihundertfünfzig Mitarbeiter beschäftigt sind, darunter verschiedene Arten von Fachärzten (Logopäden, Physiotherapeuten, Ergotherapeuten usw.) und eine Reihe von Mitarbeitern, die die Funktionen in den Wohneinrichtungen verwalten und die Patienten beim Wiederaufbau ihres Lebens unterstützen.

Wenn Sie sich die Website von QLI ansehen, können Sie ein ziemlich traditionell aussehendes Organigramm zusammenstellen. Das fünfköpfige Führungsteam besteht aus einem Präsidenten und vier Vizepräsidenten. Es gibt sieben verschiedene klinische Direktoren, die Bereiche wie Psychologie, Krankenpflege und Ernährung abdecken. Es gibt ein Marketing- und Entwicklungsteam und eine Reihe von Servicekoordinatoren. Auf den ersten Blick sieht dies nicht nach einer radikal flachen oder besonders fließenden Hierarchie aus.

Wenn Sie sich jedoch genauer ansehen, wie QLI seinen Geschäftsbetrieb ausführt, ergibt sich ein anderes Bild. Vor kurzem fand auf dem Campus ein klinisches Treffen statt, an dem eine breite Palette von Mitarbeitern teilnahm, darunter der CEO, einige Mitarbeiter auf Direktorenebene, einige Therapeuten und einige Mitarbeiter der Wohngebiete. Bei diesem speziellen Treffen gab es auch zwei Psychologie-Praktikanten, die in der Organisation relativ neu waren. Nach dem Treffen fragte einer der Mitarbeiter die Praktikanten, ob sie erkannt hätten, dass der CEO einer der Teilnehmer des Treffens war. Niemand wurde mit dem Titel vorgestellt, daher waren sich die Praktikanten der Anwesenheit des CEO nicht bewusst, und als sie gefragt wurden, welcher der Besprechungsteilnehmer der CEO war, vermuteten beide falsch.

## Sie erzeugen einen Fluss an Macht

Es gibt nicht viele Organisationen, in denen die Anwesenheit des CEO von Fremden nicht sofort erkannt und identifiziert wird. Selbst wenn keine Titel und Namensschilder vorhanden sind, können Sie die Achtung vor ihrer letztendlichen Autorität spüren, ein wahrscheinliches Zögern für andere, zu viel zu teilen oder zu viel Redezeit in Anspruch zu nehmen. Die Anwesenheit des CEO erzeugt normalerweise eine unausgesprochene zivile Version des »ACHTUNG!«, die Sie hören, wenn ein Militäroffizier den Raum betritt. Das passiert bei QLI natürlich nicht. Dieses Treffen konzentrierte sich genau auf die Probleme, die gelöst werden mussten, nicht auf die hierarchische Darstellung im Raum. Als die Praktikanten gefragt wurden, wer das Meeting leitete, wählten sie die Person des direkten Pflegepersonals aus (eine Position, die im Organigramm ziemlich niedrig ist), da dies die Person war, die in dem Meeting am meisten gesprochen hat.

Das war in diesem Fall sinnvoll, da die spezifischen klinischen Probleme, die in diesem Meeting erörtert wurden, das direkte Pflegepersonal in den Mittelpunkt des Gesprächs stellten. Die Philosophie von QLI zu Kultur und Führung entstand aus einem Programm namens Mindsets[50], das vom Gründungspräsidenten und CEO von QLI, Dr. Kim Hoogeveen, entwickelt wurde. Eine der zentralen Denkweisen seines Ansatzes heißt »Power Flux«. Je nachdem, was gerade passiert, ist die Person mit dem entsprechenden Fachwissen verantwortlich, und das änderte sich. In dieser Besprechung identifizierte die Gruppe die Dynamik in der Wohnanlage als die wichtigsten zu lösenden Probleme, sodass das Hauspersonal unabhängig von der formalen Machtdifferenz, die im Raum bestand, die Leitung der Besprechung übernahm.

Damit »Power Flux« funktioniert, verfolgt QLI einen disziplinierten und strengen Ansatz, um zu verstehen, was »relevantes Fachwissen« wirklich bedeutet.

---

[50] Kim Hoogeveen, *Mindset LLC,* http://www.gomindset.com (aufgerufen am 20. Dezember 2014).

## Sie halten ihr Fachwissen in der Balance

Der Gesundheitsbereich basiert auf einer sehr hierarchischen Tradition, einschließlich immer spezialisierter Fachabteilungen. Sprachtherapeuten in den USA absolvieren zum Beispiel einen Studiengang, der mit klinischen Erfahrungen unter der Aufsicht eines Experten auf diesem Gebiet einhergeht. Aufgrund dieses Fachwissens würden sie offensichtlich erwarten, dass ihre Diagnosen und Behandlungsempfehlungen eingehalten werden. **Bei QLI wird dieses Fachwissen zwar respektiert, aber es wird mit anderem Fachwissen in Einklang gebracht, einschließlich eines tiefreichenden Wissens über das Leben des Patienten, die Werte des Patienten sowie die Träume und Bestrebungen des Patienten.** Einer der Klinikärzte unterrichtet eine Klasse an der örtlichen Universität und stellt fest, dass die Studenten bei der Vorlage einer Patientenfallstudie schnell einen Behandlungsplan entwickeln, der nur auf den vorgelegten medizinischen Fakten basiert.

> *Sie stellten nicht einmal eine Frage über den Patienten – wer sie sind und was sie anspricht. In solch einem Fall sollten wir von vorn beginnen und den Behandlungsplan überdenken. Im Gesundheitswesen sollten wir patientenorientiert denken, aber das tun wir nicht.*

Einer der Patienten bei QLI war beispielsweise ein leidenschaftlicher Longboard-Skateboarder – vor seiner Rückenmarksverletzung. Die Mitarbeiter dort nahmen sich die Zeit, um den Patienten gut genug kennenzulernen, um diese Leidenschaft zu entdecken. Als sie an einigen Kraft- und Ausgleichsübungen mit dem Patienten arbeiten mussten, nahmen sie kurzerhand ein Longboard-Skateboard, entfernten die Räder und verwendeten es in der Therapie. Der Patient blühte förmlich auf, als er realisierte, dass das Board Teil der Therapie sein würde.

Ein anderer Patient war begeistert vom Tauchen, also suchten und fanden die Mitarbeiter ein lokales adaptives Tauchprogramm, das auf Menschen mit Behinderungen ausgerichtet war. Ein anderer Patient macht Therapie durch Kajakfahren. Alle diese Methoden sind nicht traditionell und würden Vielerorts spezielle Genehmigungen und Ausnahmen von den

Richtlinien und Standardpraktiken erfordern. **Wenn sie bei QLI wissen, worauf es dem Patienten auf einer grundlegenden Ebene ankommt, gibt ihnen dieses Fachwissen die Befugnis, Entscheidungen zu treffen.** Es ist nicht so, dass QLI-Mitarbeiter das Fachwissen, das beispielsweise ein Logopäde dem Patienten und dem Behandlungsplan zur Verfügung stellt, nicht berücksichtigen, aber sie erkennen, dass das direkte Pflegepersonal, das sieben Tage die Woche mit dem Patienten zusammen ist, auch über Fachwissen verfügt, das einbezogen werden muss, wenn sie herausfinden wollen, was genau zu tun ist. Das gibt dem Team die Freiheit, innovativ zu sein.

> *Es gibt keine Grenzen, die wir in Bezug auf Kreativität und das, was wir für unsere Bewohner tun können, nicht überschreiten können.*

## Sie kommunizieren gut und bedacht

Dieser Ansatz motiviert insbesondere jüngere Mitarbeiter. Es war ein Millennial-Mitarbeiter, der die obige Aussage über die Förderung der Kreativität gemacht hat. Und dies ist die Generation, die mit »verschwommenen Linien« aufgewachsen ist, sodass sie erwarten, bei Bedarf mit Menschen über hierarchische Linien hinweg interagieren zu können. Das macht es aber nicht einfach.

Einer der Schlüsselfaktoren dafür, dass die fließende Hierarchie bei QLI funktioniert, ist die Aufmerksamkeit, die die Mitarbeiter der internen Kommunikation ihrer Firmenkultur widmen. Führungskräfte bemühen sich sichtbar, Kommunikationswege zu eröffnen und trotz ihrer Titel erreichbar zu bleiben. Innerhalb der Kultur gibt es Diskussionen über eine andere Denkweise von Dr. Hoogeveen: den Unterschied zwischen einem »Cosmo« und einem »Local«. Locals, also Einheimische, sind das Ideal: Menschen, die demütig sind, bereit zu helfen und wie jeder andere ein Teil der Gemeinschaft sein wollen. Cosmos hingegen sind Menschen, die ihr Ego an ihren Titel, ihre Auszeichnungen oder Leistungen binden.

Die Mitarbeiter werden unter Berücksichtigung dieser Unterscheidung eingestellt, und die leitenden Angestellten von QLI wissen, dass sie, um ein »Einheimischer« zu sein, für andere zugänglich und neugierig auf die anderen in der Gemeinschaft sein müssen. Laut einem Physiotherapeuten bei QLI:

> *Leute mit Macht im Unternehmen sprachen einfach mit mir und fragten mich, wie es mir gehe. Ich erfuhr später, dass es der CEO oder ein klinischer Direktor war. Alles ist flach.*

### Sie vermitteln Kommunikationsfähigkeiten

**QLI erkennt auch an, dass die in einer fließenden Hierarchie erforderliche offene Kommunikation unterdrückt werden kann, wenn die Mitarbeiter nicht mit Konflikten umgehen können.** Sie bieten Mitarbeitern Schulungen zur Konfliktlösung an und sprechen häufig über die Notwendigkeit einer »freundlichen Reibung«. Sie arbeiten daran zu lernen, wie man anderer Meinung sein kann, ohne dass dies die Beziehung am Arbeitsplatz beeinträchtigt, und sie achten ständig darauf, mehr Sichtweisen in das Gespräch zu bringen, wenn die Entscheidungen schwieriger werden. All dies ist tief in ihrer Kultur verankert, die von zwei spezifischen Rollen unterstützt wird: dem Mentor und dem Fachmann. Mentoren und Fachleute, die etwa fünf Prozent bzw. ein Prozent der Mitarbeiter im Unternehmen ausmachen, können aus jeder Hierarchieebene stammen und arbeiten explizit daran, die Kultur zu stärken und zu unterstützen, insbesondere im Bereich Kommunikation. Die Mitarbeiter werden ermutigt, sie um Unterstützung zu bitten, und sie achten auf Menschen, die möglicherweise Probleme haben, und coachen sie dann, um sie wieder auf den richtigen Weg zu bringen.

*»Ich habe in den letzten Jahren (einige aufgrund unserer derzeitigen Mitarbeitergröße und -mischung) eine viel kollaborativere Umgebung gesehen, in der jeder von uns ein Projekt vorschlagen und die Leitung übernehmen kann. Ich persönlich habe festgestellt, dass ich nicht immer darauf warten oder mich darauf verlassen kann, dass ein leitender Angestellter die Idee einbringt oder vorschlägt, wenn ich möchte, dass etwas passiert oder dass wir in einem Bereich vorankommen. Manchmal habe ich die Hierarchiewege kurzerhand verlassen und einfach ein Treffen einberufen, um den Ball ins Rollen zu bringen und die Leute zum Reden zu bringen.*

*Ich denke, das ist eine typische »Millennial« Eigenschaft. Wir wollen Veränderungen und Fortschritte sehen, und wenn wir sie nicht sehen, zögern wir nicht, die Dinge selbst in die Hand zu nehmen. Ich wage zu behaupten, dass Millennials einen Arbeitsplatz schätzen und wünschen, an dem sie die Fähigkeit und Autonomie haben, neue Ideen vorzuschlagen und umzusetzen, sowie Coachings und mehr Fachwissen auf dem Weg zu erhalten. Unternehmen, die so arbeiten, werden Millennials anziehen und halten.«*

- Ein Millennial, geb. 1989

## Zum Mitnehmen: Machen Sie Ihre Organisation flexibel

Wie Sie sehen, erfordert die Aufrechterhaltung einer fließenden Hierarchie einige Anstrengungen, obwohl es sich im Fall von QLI offensichtlich lohnt. Das System der fließenden Entscheidungsfindung führt zu positiven Ergebnissen für Mitarbeiter und Kunden. Volle 100 Prozent der Kunden (Auftraggeber, Familien und Zahler) geben an, dass sie QLI einem geliebten Menschen empfehlen würden. Dies ist ein Beweis für die Qualitätslösungen, die QLI entwickelt, indem sie diejenigen, die mehr über die Situation des Patienten wissen, in die Entscheidungsfindung einbeziehen. Intern nahmen 95 Prozent der Mitarbeiter an der jüngsten Umfrage zur Firmenkultur teil, und die Durchschnittswerte in jeder einzelnen Kategorie lagen auf einer 9-Punkte-Skala über 7. (Stolz war 8,5.) Die Fluktuationsrate ist für ein Gesundheitsunternehmen weit unterdurchschnittlich und liegt über einen Zeitraum von zwanzig Jahren nie über 28

Prozent pro Jahr, und selbst dann waren die meisten dieser Wechsel Mitarbeiter, die nicht gut zu der Unternehmenskultur passten, was QLI als »positive Fluktuation« betrachtet.

Die negative Fluktuation – die Personen, die das Unternehmen verließen, QLI aber gerne behalten hätte – lagen im Laufe ihrer Firmengeschichte unter 10 Prozent pro Jahr. Im Zentrum dieser Ergebnisse steht die Investition von QLI in einer Kultur, die es den Autoritäten erlaubt, fließend zu sein, und eine bessere Entscheidungsfindung ermöglicht durch effektive Konfliktgespräche und »einfach wahnsinnig gut ist in der Kommunikation«, wie ein Mitarbeiter es ausdrückte.

Wenn Sie sich die Themen ansehen, die die Erfahrung von QLI mit anderen Unternehmen verbinden, die das Potenzial einer fließenden Hierarchie erschlossen haben (wie Morning Star oder Zappos), werden Sie feststellen, dass zwei grundlegende Bausteine ein solches System in Ihrem Unternehmen ermöglichen können: Verstehen, was den Erfolg vorantreibt, und Investition in Soft Skills.

### Verstehen, was den Erfolg vorantreibt

Dies mag eher nach einer Strategie als nach einer Organisationskultur oder -struktur klingen, aber es ist wichtig zu bedenken, dass es verschiedene Ebenen gibt, um zu verstehen, was den Erfolg Ihres Unternehmens antreibt. Auf einer übergeordneten Ebene versteht jedes Unternehmen seine Erfolgstreiber, sonst wäre es offensichtlich nicht mehr am Markt. Dies ist die grundlegende strategische Ebene, auf der Sie klarstellen, wo Ihr Unternehmen sich im Wettbewerb platziert und wie Sie mit Ihren speziellen Produkten und Dienstleistungen gewinnen werden. QLI bietet Rehabilitationsleistungen für Menschen mit Hirn- und Rückenmarksverletzungen an. Daher drehen sich die übergeordneten Erfolgsfaktoren um die Bereitstellung einer qualitativ hochwertigen medizinischen Versorgung für Patienten. Auf dieser Ebene muss es nicht flexibel sein. QLI könnte die bestausgebildeten Physiotherapeuten, Logopäden usw. einstellen und sie in eine starre, vertikale Hierarchie einordnen und dennoch eine qualitativ hochwertige Gesundheitsversorgung bieten. Es ist jedoch noch wichtiger zu verstehen, was den Erfolg des Unternehmens ausmacht - die tiefe Verbindung der Mitarbeiter an vorderster Front mit den Patienten.

### Finden Sie Ihre wahre Mission

Bei QLI ist eine qualitativ hochwertige Gesundheitsversorgung eine Selbstverständlichkeit, aber von Anfang an erkannten die QLI-Mitarbeiter, dass sie sich nicht nur mit Patienten befassten, die Probleme mit der Gesundheit hatten. Sie hatten es mit Menschen zu tun, deren Leben zerstört worden war. Der Wiederaufbau eines zerstörten Lebens erfordert mehr als medizinische Hilfe. Es erfordert ein tiefes Wissen über den Patienten als Person und die Integration des Lebens und der Leidenschaften dieser Person in die medizinische Versorgung. Es ist diese Art von Intimität mit dem Patienten, die eine flachere Hierarchie erfordert, in der mehr Menschen mehr über alle Facetten des Lebens des Patienten wissen. **QLI entschied sich nicht dafür, flexibel zu sein, weil es sich um eine coole neue Managementtechnik handelt. Es entschied sich dafür, flexibel zu sein, weil es dadurch erfolgreicher wird.**

> *Wir sind äußerst kooperativ. Wenn wir hier helfen, Organisations-Silos weiter abzubauen, können wir agiler sein und weniger Personal beschäftigen, anstatt uns für individuelle Anforderungen der Abteilungen aufzublähen. Ich denke, der Top-Down-Ansatz ändert sich auch, weil viele Führungskräfte (tatsächliche Organisationsleiter) in den kommenden Jahren darüber nachdenken, wie sie mit Millennials umgehen, interagieren und Geschäfte machen sollen, und deshalb mit Mitarbeitern der unteren Ebene zusammen an der Strategie arbeiten, was in der Vergangenheit nicht der Fall war.*
>
> *Ich denke nicht, dass sich dieser Trend für einige Zeit ändern wird.*
>
> - Ein Millennial, geb. 1986

Nehmen Sie Zappos als ein weiteres Beispiel. Von der übergeordneten Ebene aus betrachtet, werden lediglich Schuhe und andere Bekleidung online verkauft, sodass der Erfolg auf einer soliden Logistik, guten Beziehungen zu den Herstellern und einem effektiven Marketing beruhen könnte. Aber schon früh stellte Zappos fest, dass für den Erfolg ihres Unternehmens von entscheidender Bedeutung ist, dass sie dem Kunden ein »Wow«-Erlebnis bieten. Das ist die Nummer eins in der internen Liste der Kernwerte. Warum? Der Online-Verkauf von Schuhen scheint ein unmögliches Unterfangen zu sein, wenn wir davon ausgehen, dass wir zuerst die Schuhe anprobieren müssen, bevor wir sie kaufen. Das Herzstück des Erfolgs von Zappos kann daher nicht einfach darin bestehen, die Möglichkeit zu bieten, Schuhe zu kaufen. Das können wir schon in Schuhgeschäften. Zappos erkannte, dass es notwendig war, Menschen nicht nur mit einem guten Kundenservice zu gewinnen, sondern auch mit einem Kundenservice, der die Leute umhauen würde. Die Art von Kundenservice, bei dem Kunden den Telefonhörer auflegen und buchstäblich »Wow« sagen.

Das Verständnis des Erfolgs auf dieser Ebene hat Auswirkungen auf die Kultur bei Zappos, insbesondere wenn es darum geht, flach und flexibel zu sein. Schon vor der Einführung von Holacracy hatte Zappos eine dezentrale Struktur, insbesondere aufgrund seines tiefen Verständnisses darüber, was seinen Erfolg als Unternehmen ausmacht. Um ein »Wow« -Erlebnis zu bieten, mussten die Mitarbeiter auf den untersten Hierarchieebenen, die Callcenter-Mitarbeiter, mehr Befugnisse erhalten, da sie dem Kunden am nächsten waren. Die Callcenter-Mitarbeiter von Zappos treffen ihre eigenen Entscheidungen darüber, ob sie das Konto eines Kunden hochstufen oder ihnen kostenlosen Versand gewähren möchten. Sie sind dafür berühmt, dass sie so lange mit ihren Kunden telefonieren können, wie sie wollen. (Der Rekord beträgt mehr als elf Stunden mit einem einzelnen Kunden.) Dies ist keine bewährte Methode in der Callcenter-Branche, deren typische Messgrößen sich auf die Effizienz konzentrieren, die Kundentelefonate so schnell wie möglich abzufertigen. Bei Zappos müssen Sie den Kunden jedoch begeistern, daher bleiben die Mitarbeiter dezentral, auch wenn dies nicht effizient ist. Beachten Sie, dass es Zappos trotz dieser Ineffizienz gelungen ist, in nur acht Jahren von eine Million USD Umsatz auf eine Milliarde USD Umsatz zu wachsen.

### Seien Sie proaktiv

Wir könnten versuchen, Ihnen Angst einzujagen und Sie so dazu zu bringen, flexibel zu werden. Wir könnten ein überzeugendes Argument dafür vorbringen, dass die Millennial-Generation tatsächlich in den nächsten Jahren an den Arbeitsplatz stürmen und diese Flexibilität fordern wird. **Aber Sie werden nicht auf die wahre Kraft der Flexibilität zugreifen, wenn Sie lediglich eine reaktive Haltung einnehmen. Sie müssen sich eingehender mit Ihrem Unternehmen und Ihrem Geschäftsmodell befassen, um zu verstehen, was den Erfolg antreibt, und um klar zu erkennen, wie sich ein flexibles Handeln darauf auswirkt oder nicht.** Angesichts des heutigen Umfelds wären wir überrascht, Organisationen zu finden, die nicht von den Vorteilen der Flexibilität profitieren würden, aber das müssen Sie für sich selbst herausfinden. Wenn wir mit Kunden eine Bewertung deren Firmenkultur durchführen, schließen wir immer eine eingehende qualitative Bewertung ein, um diese tiefere Ebene dessen aufzudecken, was den Erfolg des Unternehmens antreibt, damit es mit den kulturstärkenden Maßnahmen in Verbindung gebracht werden kann.

### In Soft Skills investieren

Sobald die tiefere strategische Verbindung hergestellt ist, müssen Sie noch mit der Implementierung einer flexiblen Hierarchie umgehen, und hier werden die »Soft Skills« zu einem kritischen Faktor. Denken Sie daran, dass eine starre Hierarchie einen Zweck erfüllt: die Verringerung der kognitiven Belastung. Im Laufe der Jahre haben wir gelernt, uns auf Hierarchien zu verlassen, um Dinge zu bestimmen, beispielsweise wer entscheiden darf und wo die Person im Informationsfluss involviert ist, wodurch wir unsere Aufmerksamkeit auf andere Aspekte der Führung der Organisation richten konnten. Was wir vielleicht nicht erkannt haben, ist, dass wir, indem wir der Hierarchie buchstäblich erlauben, unsere Beziehungen innerhalb der Firma zu strukturieren, unsere grundlegenden Fähigkeiten beim Aufbau und der Aufrechterhaltung von Beziehungen zwischen den Menschen in unseren Organisationen verkümmern lassen. Das ist wahrscheinlich der Grund, warum wir diese Fähigkeiten zunächst als »weich« (weniger wichtig) betrachteten – die Hierarchie hatte sich bereits darum gekümmert.

*Unser Führungsteam ist zugänglich, fehlbar und kritisierbar – sie sind echte Menschen! Mit unserem internen sozialen Tool können Mitarbeiter die oberen Führungsebenen in Gespräche einbeziehen und sogar ihre Ideen infrage stellen. Dies ist für den Rest des Unternehmens sichtbar, sodass Sie wissen, wenn das Management nicht reagiert oder schlampige Antworten gibt. Ich hatte dies noch nie zuvor bei früheren Organisationen erlebt.*

- Ein Millennial, geb. 1989

**Flexible Hierarchien sind dynamischer und flexibler, wodurch die Mitarbeiter in Ihrem Unternehmen wieder in die Pflicht genommen werden, ihre Beziehungen untereinander besser zu pflegen.** Aus diesem Grund ist QLI »wahnsinnig gut in der Kommunikation« und bietet Schulungen für Mitarbeiter in Konfliktlösungskompetenzen an. Deshalb ermutigt Zappos seine Mitarbeiter tatsächlich, etwas seltsam zu sein – Authentizität ist tatsächlich eine wichtige Fähigkeit, wenn es um den Aufbau von Beziehungen geht. Aus diesem Grund schreiben alle Mitarbeiter von Morning Star miteinander Übereinkunft-Briefe – das gemeinsame Verständnis erschließt das Potenzial der flexiblen Hierarchie.

Wenn Sie eine flexible Hierarchie wünschen, müssen Sie die internen Fähigkeiten für einen effektiven Beziehungsaufbau in diesen Bereichen aufbauen.

## Konfliktlösung lehren

Die Fähigkeit, sich Konflikten zu stellen und sie zu bewältigen, ohne das Drama und die Angst, die wir normalerweise damit verbinden, ist das

Herzstück einer flexiblen Hierarchie. Konfliktlösung ist in Organisationen seit langem eine vernachlässigte Fähigkeit. In einer Befehls- und Kontrollhierarchie besteht die Hauptanweisung darin, Befehlen zu folgen, wodurch die Notwendigkeit einer tatsächlichen Lösung von Konflikten entfällt. Bestenfalls ging man davon aus, dass größere Konflikte auf der Ebene der Führungsteams gelöst wurden, bevor die Aufträge in die Befehlskette weitergegeben wurden, aber in Wirklichkeit geschah dies selten.

In Patrick Lencionis Bestseller *Five Dysfunctions of a Team*[51] (ganz spezifisch auf leitende Management Teams in Unternehmen bezogen) ist die Hauptdysfunktion ein Mangel an Vertrauen, aber unmittelbar darauf folgt die Unfähigkeit, Konflikte anzusprechen und zu lösen.

Das Ergebnis war eine weitgehende Vermeidung von Konflikten innerhalb von Organisationen. Da wir also schlecht darin sind, sind die einzigen Erfahrungen, die wir mit Konflikten innerhalb von Organisationen machen, eher die der grässlichen Art, und das verstärkt nur unseren Wunsch, sie zu vermeiden. In flexiblen Hierarchien funktioniert dies jedoch nicht. **Wo Entscheidungskompetenz fließender ist, werden die Menschen in der gesamten Struktur gezwungen sein, die Dinge selbst herauszufinden, und dies erfordert den reibungslosen Umgang mit Konflikten, wenn sie auftreten.** Das Vermeiden des Konflikts gibt ihm einfach nur Raum, um schlimmer oder komplizierter zu werden.

Stellen Sie sicher, dass Ihre Mitarbeiter wissen, wie Konflikte zu verwalten und zu lösen sind. Schulungen zur Konfliktlösung sollten nicht schwer zu finden sein, sollten jedoch im Idealfall die folgenden Elemente enthalten.

- *Interessenbasierte Problemlösung.* Der Ausdruck »Win-Win« ist heutzutage im Geschäftssprachgebrauch fast banal geworden, basiert jedoch auf einigen wichtigen Prinzipien, die Mitarbeiter in flexiblen Hierarchien kennen müssen. Wir versuchen viel zu oft, Probleme zu lösen, indem wir uns für unsere eigene bevorzugte Lösung einsetzen

[51] Patrick Lencioni, *The Five Dysfunctions of a Team: A Leadership Fable* (San Francisco: Jossey-Bass, 2002).

und die Antwort der anderen Seite schlecht machen. Wenn wir jedoch stattdessen versuchen, die Gründe für die Position der anderen Partei zu verstehen, werden wir mit größerer Wahrscheinlichkeit einige Lösungen aufdecken, an die keiner von uns gedacht hatte, und die tatsächlich beide Interessen erfüllen (eine Win-Win-Situation). Wenn Sie mit Konflikten gut umgehen wollen, müssen Sie sich darüber im Klaren sein, ob Ihre Grundinteressen überhaupt in Konflikt stehen oder nicht. Helfen Sie Ihren Mitarbeitern also, die Fähigkeiten zur Untersuchung und Analyse zu entwickeln, die zu den Wurzeln des Konflikts führen, anstatt nur an der Oberfläche zu bleiben.

- *Emotionale Intelligenz.* Ob es uns gefällt oder nicht, Menschen sind emotionale Wesen, und unsere tatsächliche Gehirnchemie lässt uns unsere Emotionen erfahren, bevor wir die Möglichkeit haben, über sie nachzudenken oder so zu tun, als wären sie nicht da. Im Kern geht es bei emotionaler Intelligenz darum, Fähigkeiten aufzubauen, um unsere eigene emotionale Reaktionsverhalten zu erkennen und so damit umzugehen, dass wichtige Konfliktgespräche nicht beeinträchtigt werden.
- *Gemeinsames Verständnis.* Eine der Kernkompetenzen für die Bewältigung von Konfliktsituationen besteht darin, die Konversation ruhig zu führen, sodass die beiden Parteien ein gemeinsames Verständnis für Schlüsselfragen entwickeln können. Dies bedeutet nicht, dass sie zustimmen müssen, aber sie müssen einander verstehen und die Menge an verfügbaren Informationen erhöhen, um einen Sinn für das Geschehen zu finden. Hier gehen die meisten Konflikte zunächst schief; jede Seite hat eine andere Sicht auf die »Realität«, auf der der Konflikt basiert, und weil sie die zugrunde liegenden Daten oder Annahmen, die diese Sichtweise unterstützen, nicht untersuchen, bewegen sie sich im Kreis. Wir verwenden häufig ein Tool namens *Ladder of Inference (Leiter der Beeinflussungen)*[52], um Teams einen Bezugspunkt zu bieten, mit dem sie die Konversation verlangsamen und ein

---

52 Jamie Notter, *Better Conflict Conversations: Basic Tools for Managing Conflict in the Workplace* (Washington, DC: Culture That Works LLC, 2013), http://www.culturethatworks.net/products/better-conflict-conversations-tools (aufgerufen am 20. Dezember 2014).

allgemeineres Verständnis des Konflikts entwickeln können. Dies ebnet den Weg für eine effektivere Problemlösung auf der ganzen Linie.

- *Effektives Feedback.* In Konfliktsituationen müssen sich die Parteien grundsätzlich gegenseitig Feedback geben. Traditionelle Rückmeldungs-Mechanismen konzentrieren sich jedoch darauf, die andere Person zu verurteilen und von ihr zu fordern, sich zur Lösung des Konflikts zu ändern. Das Fazit ist, dass Menschen es hassen, beurteilt zu werden und zu hören, was sie tun sollen. Wenn jedoch das Feedback konsequent mit einem Fokus auf konkrete und beobachtbare Verhaltensweisen, die mit negativen Auswirkungen verbunden sind, abgegeben wird, kann die andere Partei den Streitpunkt verstehen. So, haben die Parteien eine viel bessere Chance, gemeinsam eine neue Lösung zu erarbeiten.

Konfliktlösung beinhaltet mehr als das, was hier aufgeführt ist (Sie können auf Wunsch einen Doktor in Konfliktlösung machen), aber diese Grundbausteine sollten ausreichen, um die Erstellung einer flexiblen Hierarchie zu erleichtern.

## Fragen Sie nach Authentizität

Authentizität befindet sich normalerweise nicht auf der Liste der »Soft Skills« in dem Katalog für Business-Schulungsprogramme. Es ist wahrscheinlicher, dass Themen wie Konfliktlösung, Kommunikation, Teamarbeit, Zusammenarbeit und sogar Ausreißer wie Begeisterung oder Belastbarkeit auftreten. (Wir sind immer noch verwirrt darüber, wie Sie den Menschen beibringen wollen, begeistert zu sein, oder warum Sie dies möchten.)

Für eine flexible Organisation ist Authentizität jedoch eine entscheidende Fähigkeit. **Authentizität beinhaltet die Lebensweise in der Welt als Ihr ganzes Selbst, sodass Ihr äußeres Verhalten und die Art und Weise, wie Sie mit anderen umgehen, sehr eng mit Ihrer tieferen Identität, Ihrem Zweck und sogar Ihrem Schicksal in Einklang stehen.** Wenn die Art und Weise, wie Sie bei der Arbeit auftauchen, von Ihrer inneren Persönlichkeit getrennt wird, sind Sie unecht. Beachten Sie, dass es hier nicht um ständige Selbstdarstellung geht, wie einige Kritiker behaupten, wenn es sich um Authentizität am Arbeitsplatz handelt. Sie können authentisch sein und trotzdem Entscheidungen darüber treffen, welche Aspekte von Ihnen in einem bestimmten Kontext offengelegt werden sollen, und das ist in Ordnung. Wenn jedoch die Erwartungen am Arbeitsplatz dazu führen, dass Sie sich auf eine Weise verhalten, die nicht Ihrer Identität entspricht, treten Probleme auf.

*Ich bin der Meinung, dass die Dinge in meiner Organisation sehr offen sind. Die Führungskräfte verstehen und schätzen jeden Einzelnen und wissen, dass die Menschen, die hier arbeiten, den Unterschied ausmachen. Deshalb denken sie viel über den Einstellungsprozess und die Weiterbildung auf dem Karriereweg jeder Person nach.*
- Ein Millennial, geb. 1982

Warum ist das für fließende Organisationen wichtig? Weil flexible Organisationen absichtlich Entscheidungsbefugnisse in der gesamten Hierarchie verteilen. Flexible Organisationen verlassen sich darauf, dass die Personen im System herausfinden, wer Entscheidungen trifft und warum, anstatt dass die Hierarchie dies für sie entscheidet. Authentizität erleichtert diese ständige Verhandlung, indem sie das tut, was die Hierarchie früher getan hat: die kognitive Belastung verringern. **Wenn Ihre Mitarbeiter zuversichtlich sind, dass die Kollegen widerspruchsfrei vermitteln, wer sie sind, wird es einfacher, die Wahrheit zu sagen, sich gegenseitig herauszufordern und die schwierigen Probleme anzugehen.** Sie verbringen weniger Zeit damit, herauszufinden, wie die Leute reagieren oder – an erster Stelle – was diese erwarten, wie sie sich verhalten. Jeder kann einfach so sein, wie er wirklich ist. Es wird mehr auf den Tisch gelegt und weniger unter den Teppich gekehrt, und das lässt mehr von der mentalen Handlungskapazität übrig, um die Aufgabe zu erledigen, die flache Hierarchie zum Laufen zu bringen.

Authentizität ist jedoch viel leichter zu verstehen als zu praktizieren. Bonnie Ware arbeitete jahrelang in der Palliativmedizin mit Menschen, die buchstäblich auf ihren Sterbebetten lagen. Als diese Patienten über ihr

Leben nachdachten, drückten sie erwartungsgemäß einiges Bedauern über ihre Entscheidungen aus. Das größte Bedauern, das sie zum Ausdruck brachten, betraf die Authentizität:

> *Ich wünschte, ich hätte den Mut gehabt, ein Leben zu führen, das mir selbst treu ist, nicht das Leben, das andere von mir erwartet haben.*[53]

Hier sind einige Möglichkeiten, wie Sie Authentizität an die Oberfläche bringen können:

- *Selbstverständnis.* Persönlichkeitsbewertungen wie das DISC-Profil oder Myers-Briggs können den Mitarbeitern helfen, deren eigene Vorlieben und Stile klarer zu erkennen. Dies ist ein guter erster Schritt zu einem tieferen Selbstverständnis. Wenn dies im Kontext eines Teams oder einer Gruppe erfolgt, kann dies auch bei der Konfliktlösung hilfreich sein.
- *Lebensziele.* Wie der Diversity-Trainer und Berater Joe Gerstandt betont: Wenn Sie in einer Weise handeln möchten, die Ihrem Lebenszweck und Ihren Lebenszielen entspricht, dann müssen Sie zunächst Klarheit in diesem Bereich haben.[54] Während die ultimative Verantwortung beim Mitarbeiter liegt, kann das Unternehmen diese Arbeit an sich selbst durch jährliche Mitarbeiterbewertungen erleichtern. Fitness Australia (der Berufsverband der Fitnessbranche in Australien) lässt seine Mitarbeiter im Rahmen des Überprüfungsprozesses »persönliche Erfolgspläne« erstellen, bei denen es ausschließlich und explizit darum geht, dass die Mitarbeiter ihre eigene Bestimmung erreichen. Diese Pläne werden bei der Arbeit nicht bewertet, aber die Mitarbeiter teilen sie im Intranet, damit sie sich gegenseitig bei der Erreichung dieser Ziele unterstützen können.

---

[53] Bronnie Ware, »Regrets of the Dying,« *Bronnie Ware,* http://bronnieware.com/regrets-of-the-dying/ (aufgerufen 20. Dezember 2014).

[54] Joe Gerstandt, »Authenticity (and a New Video),« *Joe Gerstandt,* 02. Mai 2013, http://www.joegerstandt.com/2013/05/authenticity-and-a-new-video/ (aufgerufen am 20. Dezember 2014).

Unser Whitepaper *Making Performance Management Work* [55] enthält detaillierte Informationen darüber, was Fitness Australia erreicht hat und wie. Berücksichtigen Sie die folgenden Fragen:

  - o Wie können Sie weitere Informationen zu den persönlichen Antrieben und Zielen Ihrer Mitarbeiter in Ihren Leistungsüberprüfungsprozess einbeziehen?
  - o Wie können Sie einen Feedback-Prozess einbetten, der mehr als nur jährlich stattfindet?

- *Gemeinschaft.* Authentizität hat eine Yin-Yang-Beziehung zu einer starken Gemeinschaft. Die besten Gemeinschaften sind solche, die es den Menschen ermöglichen, vollständig sie selbst zu sein, und authentische Individuen schaffen normalerweise die stärksten und lebendigsten Gemeinschaften. Überlegen Sie, welche Art von Gemeinschaft Sie unter Ihren Mitarbeitern haben, und stärken Sie Verbindungen und Beziehungen und erleichtern sie Gemeinschaftsrituale.
  - o Wie können Sie Menschen Raum geben, um die Ziele miteinander zu teilen und Möglichkeiten aufzuzeigen, wie sie sich gegenseitig helfen können?
  - o Was sind Ihre Gemeinschaftsrituale und wie helfen Sie, Bindungen zu schaffen?

Wahre Authentizität ist nicht einfach und nicht üblich. Der Druck, sich in Organisationen anzupassen und Ihr wahres Selbst zu Hause zu lassen, ist groß. Um Ihre Mitarbeiter authentischer zu machen, sind daher einige Investitionen erforderlich.

---

[55] Jamie Notter, *Making Performance Management Work* (Washington, DC: Culture That Works LLC, 2013), http://www.culturethatworks.net/collections/culture/products/making-performance-management-work (aufgerufen 20. Dezember 2014).

## Von *Flexibel sein* zu *Schnell sein*

In diesem Kapitel haben wir uns neue Modelle für interne Hierarchien angesehen, wie das prozedural detaillierte neue Holacracy-Modell und den durchlässigen QLI »Power flux«. Diese Beispiele sind wichtig, weil jetzt damit begonnen wird, sie in bekannten Unternehmen umzusetzen. Sie berücksichtigen die sich verändernde Natur der Arbeit des 21. Jahrhunderts und sie verlassen sich darauf, dass mehr von unserem wahren Selbst zum Vorschein kommt. Wer will das nicht? Für Millennials geht es jedoch nicht nur darum, Bürokratie abzubauen und in kollaborativen Gruppen besser zu arbeiten. Es ist sinnvoll, für bestimmte Projekte zusammenkommen und nach getaner Arbeit die Teams wieder aufzulösen, da dies zu einer besseren, vernetzten und flüssigeren Arbeitsweise führt.

**Im besten Fall ermöglicht mehr Flexibilität bessere Handlungen, höhere Produktivität und bessere Ergebnisse. Und zusammen mit *Digital sein* und *Klar sein* ist es das dritte Puzzleteil, das zu dem führt, was wir alle erreichen wollen.**

**Alle Wege führen zu *Schnell sein.***

;)

# 6. Schnell sein

In ihrem letzten Semester an der University of California in Berkeley lernten Nikhil Arora und Alejandro Velez, dass es möglich ist, Gourmetpilze mit weggeworfenem Kaffeesatz zu züchten. Dies war eine relativ nebensächliche Tatsache, die in ihrer Klasse für Wirtschaftsethik während einer Diskussion über Nachhaltigkeit vorgestellt wurde, und angesichts ihrer Karriere hätte dieser Fakt für sie wahrscheinlich irrelevant bleiben müssen. Arora und Velez waren Wirtschaftswissenschaftler, und sie hatten bereits gute Jobs für sich selbst gefunden, Nikhil in der Beratung und Alejandro im Investment Banking in New York. Angesichts der Wirtschaftslage im Jahr 2010 waren diese Stellenangebote gut, aber aus irgendeinem Grund erregte die Idee, Abfall in frische, lokale Lebensmittel umzuwandeln, ihre Aufmerksamkeit. Sie gingen online und lernten alles, was sie über die Idee herausfinden konnten, und begannen dann, in der Küche von Velez' Studentenverbindung zu experimentierten. Innerhalb weniger Monate, nachdem sie das erste Mal von der Idee erfahren hatten, hatten sie sich ein Stipendium in Höhe von fünftausend USD von der Universität gesichert, ihre Stellenangebote abgelehnt und den unwahrscheinlichen Weg eingeschlagen, Pilzzüchter zu werden.

Vier Jahre später näherten sich die Umsatzerlöse ihres Unternehmens *Back to the Roots* der fünf Millionen US-Dollar Marke und sie beschäftigten fünfzehn Mitarbeiter. Sie hatten nur zwei Produkte, wurden aber von großen nationalen Einzelhändlern unterstützt, was das Wachstum des Unternehmens befeuerte. Und fast jeder Mitarbeiter im Unternehmen ist ein Millennial. Arora und Velez gehören mit sechsundzwanzig Jahren zu den ältesten Mitarbeitern. Laut Arora weist das Unternehmen eine sehr flache Struktur auf und ist sehr unternehmerisch geprägt. Jeder hat die Freiheit, neue Wege zu erkunden, und wie wir bereits in Kapitel 4 erwähnt haben, ist eine Denkweise in *Back to the Roots*, dass »Ich weiß nicht« niemals eine akzeptable Antwort ist. Durch das Internet und die sozialen Netzwerke können alle Antworten in kurzer Zeit gefunden werden. Geschwindigkeit ist einfach ein Bestandteil der heutigen neuen Normalität.

Vor kurzem hat das Unternehmen ein Last-Minute-Treffen mit dem Top-Käufer bei einem seiner nationalen Vertriebspartner vereinbaren können. Auf der Tagesordnung des Treffens, das nur drei Tage später stattfinden sollte, stand, dem Käufer mitzuteilen, welche Ideen sie für zukünftige Produkte in der »Pipeline« hatten. Dies war eine enorme Chance für das junge Unternehmen, und sie wollten sie auf keinen Fall verpassen. Es gab nur eine Herausforderung: Sie hatten keine Ideen in der Pipeline.

Aber das hat sie nicht aufgehalten. Sie gingen online in einen »F & E-Prozess mit Vollgas« ein, um Ideen für eine neue Reihe von Produkterweiterungen zu entwickeln. Mittendrin zwischen ihrer Forschung und dem Einsatz von 3D-Modellierungssoftware konnten sie im dreitägigen Vorfeld des Meetings zudem eine umfassende Präsentation mehrerer möglicher neuer Produkte entwickeln. Der Käufer war sehr beeindruckt, was ihn dazu brachte, die Eigentümer von *Back to the Roots* zu fragen: »Warum haben Sie mir das nicht früher gezeigt?«

Wir sind uns nicht sicher, ob sie zugegeben haben, dass diese vollständig recherchierten und entworfenen Produktprototypen drei Tage zuvor noch nicht einmal existierten.

## Was ist schnell?

*Back to the Roots* hat das, was jede Organisation begehrt: Geschwindigkeit. Wir haben es in diesem Buch mehrmals gesagt, und Sie hören es fast täglich in der Wirtschaftspresse: Das Tempo des Wandels schießt durch die Decke, und unsere Organisationen halten nicht mit. Ein strategisches Fenster öffnet sich, aber viele Unternehmen können nicht schnell genug umschwenken und kommen im Vergleich mit kreativen neuen Startups schlecht weg. Die Entwicklung neuer Technologien, die sowohl von unseren Wettbewerbern als auch von unseren Kunden eingesetzt werden, macht es fast unmöglich, der Zeit voraus zu sein, und wir bemühen uns verzweifelt, Schritt zu halten. Führungskräfte bleiben nachts wach und sorgen sich um die Geschwindigkeit beziehungsweise deren Mangel.

Geschwindigkeit ist natürlich eine Schlüsselvariable bei jeder Berechnung von Produktivität und Effizienz. Die Kosten Ihrer Fabrik ändern sich nicht, sobald sie erstellt wurde. Aber je schneller Produkte vom Fließband rollen können, desto produktiver und profitabler sind Sie in einem bestimmten Zeitraum. Wenn Sie ein Callcenter betreiben und Ihre durchschnittliche Gesprächszeit verkürzen können, können Sie ein höheres Anrufvolumen mit der gleichen Anzahl von Mitarbeitern bearbeiten. Geschwindigkeit führt fast immer zu Kosteneinsparungen oder höheren Gewinnen. Schneller scheint aus vielen verschiedenen Perspektiven besser zu sein.

## In Geschwindigkeit investieren

Geschwindigkeit ist jedoch mit Kosten verbunden. Wir haben alle die Warnung von Beratern und anderen Serviceprofis gehört: schnell, gut oder billig – wählen Sie zwei aus. Wenn Sie möchten, dass die Dinge sehr zügig (schnell) und von hoher Qualität (gut) erledigt werden, sollten Sie damit rechnen, dass Sie dafür mehr bezahlen (nicht billig). Oder umgekehrt, wenn Sie es schnell und billig wollen, ist das in Ordnung, aber Sie sollten die Messlatte in Bezug auf die Qualität besser senken. Geschwindigkeit erfordert immer Kompromisse.

In der heutigen Wirtschaft ist es jedoch nicht die Forderung der Kunden nach Geschwindigkeit zu niedrigen Kosten und hoher Qualität, die uns zum Handeln zwingt. Es sind unsere Konkurrenten. In jedem Markt sind die Unternehmen, die in die Generierung von Geschwindigkeit investieren, diejenigen, die weiterkommen. Obwohl Geschwindigkeit Kosten verursachen kann, betrachten intelligente Unternehmen sie als eine Investition, die gute Renditen erzielt. Fertigungsunternehmen versuchen beispielsweise, die Kompromisse zwischen Qualität und Geschwindigkeit zu verringern, indem sie in Programme zur Qualitätsverbesserung wie »Six Sigma« investieren und gleichzeitig die neuen Prinzipien schlanker Herstellungsprozesse anwenden, die Abfall vermeiden und die Geschwindigkeit erhöhen. Während wir im letzten Jahrhundert die Produktivität und Effizienz bereits enorm gesteigert haben, gibt es trotzdem immer noch Raum für Verbesserungen, und das zwingt uns, nach Wegen zu suchen, um die Dinge schneller zu erledigen.

*Wir sind nicht die Vorreiter auf dem Markt, wenn es darum geht, im heutigen Geschäftsumfeld mit neuen Trends und der Forderung nach Geschwindigkeit Schritt zu halten. Wenn Sie nicht durch den »Flurfunk« oder über unser Intranet jemanden finden, der Bescheid weiß, ist es nahezu unmöglich zu wissen, woran die Mitarbeiter in einer anderen Abteilung arbeiten. Wir arbeiten in Silos und mühen uns ab zu verstehen, wie unser Geschäft läuft - insbesondere für mich als jemanden, der erst seit einem Jahr im Unternehmen ist. Ich kann nicht sehen, was wir tun, um Schritt zu halten. Es fühlt sich jeden Tag so an, als würden wir immer mehr zurückfallen.*

- Ein Millennial, geb. 1991

### Kleine Schritte und große Sprünge

Geschah das bei *Back to the Roots*? Nicht komplett. In der Geschäftswelt gibt es zwei Arten von Geschwindigkeit. Erstens gibt es die Geschwindigkeit, die Sie gewinnen, wenn Sie vorhandene Prozesse schrittweise verbessern. Schlanke Prozesse konzentrieren sich darauf, diese Art von Geschwindigkeit zu erfassen, und obwohl sie inkrementell ist, ist sie dennoch wichtig. Inkrementelle Geschwindigkeitsgewinne können in vielen Branchen zu erheblichen Marktanteilsschwankungen führen. Angesichts der Tatsache, dass unsere derzeitige Weltwirtschaft unser gesamtes Ökosystem an seine Grenzen stößt, sind die kombinierten Auswirkungen inkrementeller Effizienzgewinne erheblich. Wir werden jede einzelne inkrementelle Geschwindigkeitsverbesserung brauchen, die wir finden können, wenn wir uns selbst erhalten wollen.

Die zweite Art von Geschwindigkeit, die *Back to the Roots* zeigt, ist eher ein Sprung als ein inkrementeller Schritt. Es ist die Art von Geschwindigkeit, die Menschen dazu bringt, anzuhalten, den Kopf zu schütteln und zu sagen: »Wie haben sie das gemacht?!« Basierend auf den Ressourcen, über die *Back to the Roots* verfügte, und den Spielregeln, bei denen wir davon ausgehen, dass jeder in dieser Situation danach spielen würde, wurde eine Messung der Geschwindigkeit von einhundertfünfzehn erreicht (Schaffung tragfähiger neuer Produktlinien in nur drei Tagen), die schlichtweg unbegreiflich ist.

Als Zappos in nur acht Jahren (zwei Jahre vor seinem eigenen Zeitplan) von einem Umsatz von 1 Million US-Dollar auf einen Umsatz von 1 Milliarde US-Dollar stieg, erlebten wir eine ähnliche Reaktion. Es scheint einfach nicht möglich zu sein, so schnell zu wachsen, wenn Ihr Hauptgeschäft bereits unmöglich erscheint (z. B. der Verkauf von Schuhen über das Internet).

General McChrystals Einsatz von Transparenz, um es seinen Mitarbeitern zu ermöglichen, von achtzehn Einsätzen pro Monat auf mehr als dreihundert zu springen, ist der gleiche Quantensprung.

Diese zweite Art von Geschwindigkeit steht im Mittelpunkt dieses Kapitels. **Inkrementelle Geschwindigkeit ist wichtig, um den Unternehmenserfolg in der heutigen Welt voranzutreiben. Die Geschwindigkeit, mit der Sie einen Sprung nach vorne machen können, wenn der Kontext dies erfordert, ist jedoch kritischer.** Dies ist natürlich genau die Geschwindigkeit, die das Wachstum der sozialen Medien bestimmt hat. Medien aus früheren Epochen wie das Fernsehen hatten Zeit für das Wachstum benötigt. Es dauerte dreizehn Jahre nach dem Start des Fernsehens, bis eine Zuschauerzahl von fünfzig Millionen Menschen erreicht worden war.

Facebook hingegen hat seinen dreizehnten Geburtstag noch nicht erreicht, aber bereits mehr als 1,2 Milliarden aktive Nutzer angehäuft. Sogar Google Plus hat es geschafft, seine ersten fünfundzwanzig Millionen eindeutigen Besucher in nur zwei Monaten (ja, Monaten, nicht Jahren) zu sichern, obwohl der Markt bereits beim Start mit sozialen Netzwerken ziemlich gesättigt war und sein Versprechen nicht gut formuliert war. Die heutige soziale Welt bewegt sich schnell.

*Wir halten uns in dem Sinne auf dem Laufenden, dass wir uns der massiven Veränderungen bewusst sind, die sowohl im allgemeinen Geschäftsumfeld als auch in den Bereichen Verein und Vereinsmanagement stattfinden. Wir halten uns mit Trends auf dem Laufenden und haben sowohl intern als auch extern viele Möglichkeiten zur Weiterbildung. Wir sind jedoch insofern zurückgeblieben, als wir nicht vollständig von einem Unternehmen des 20. Jahrhunderts (das die Dinge so macht, wie sie es immer getan haben) zu einem Unternehmen übergegangen sind, das flink, flexibel und schnell auf Marktveränderungen reagiert.*
- Ein Millennial, geb. 1983

## Warum Millennials sich um Schnelligkeit kümmern

Die Geschwindigkeit des heutigen sozialen Internets ist für die Millennials in Ordnung. Es ist alles, was sie jemals gewusst haben. Während der Rest von uns vielleicht erstaunt ist, dass die Smartphones, die wir in unseren Händen halten, mehr Rechenleistung haben als die Computer, mit denen unsere Astronauten auf dem Mond gelandet sind (tatsächlich waren sogar die frühen PCs in den 1980er Jahren bedeutend leistungsfähiger als die, die für die Raumfahrt genutzt wurden), können Millennials frustriert sein, wenn es mehr als zwölf Monate dauert, bis die neue Version des iPhone veröffentlicht wird. Das liegt nicht daran, dass sie eine Generation sind, die generell »ein Anrecht hat«. Dies liegt daran, dass Apple viele Jahre lang einmal im Jahr ein neues Telefon herausgebracht hat (zusätzlich zur Entwicklung mehrerer Editionen anderer Produkte wie Computer, iPads usw.). **Was dem Rest von uns schnell erscheint, ist für Millennials normal.**

Und wenn sie am Arbeitsplatz auftauchen, werden diese unterschiedlichen Standards offensichtlicher. Die Millennials, die wir in unserer Forschung konsultierten, schienen fast verwirrt über die Unfähigkeit ihrer Organisationen zu sein, sich schnell zu verändern und sich an eine neue Realität anzupassen. Dies war nicht einstimmig – viele der Millennials, mit denen wir gesprochen haben, waren der Meinung, dass ihre Organisationen gute Arbeit geleistet haben, um mit der Zeit Schritt zu halten –, aber es gab viele, die nicht verstehen konnten, warum sich ihre Organisationen (und insbesondere die hochrangigen Führungskräfte) immer noch so verpflichtet fühlen, Dinge so zu machen, wie sie immer gemacht wurden. Wie ein Millennial sagte:

*Sie halten nicht mit der Geschwindigkeit Schritt. Sie sind sehr festgefahren in ihren Wegen und fördern die Personen, die es langsam angehen wollen. Neue, junge Arbeiter kommen mit großartigen Ideen und neuen Perspektiven herein, aber die älteren Leute halten es einfach so, wie es ist, und weigern sich, neue Dinge auszuprobieren.*

Das Ergebnis ist ein Widerstand bei den Innovationen, was auch mit den Problemen innerhalb der Organisationsstruktur und -hierarchie verbunden ist. Die leitenden Angestellten sind in der Regel diejenigen, die an der Art und Weise festhalten, wie die Dinge immer getan wurden, aber selbst, wenn dies nicht der Fall ist, verlangsamt der Prozess, die erforderlichen Genehmigungen von den leitenden Angestellten zu erhalten, die Dinge auf eine Weise, die Millennials frustriert.

*Es scheint eine subtile Haltung zu geben: »So haben wir immer die Dinge gemacht«, die manchmal Innovation oder Selbstbewertung ersticken kann. Dies ist kein Problem, das sich nur auf unser Büro beschränkt, sondern scheint ein Symptom für die gesamte Organisationsstruktur zu sein. … Manchmal kann der Informationsfluss in der Führungsstruktur schnell ins Stocken geraten, was zu Verzögerungen bei der Entscheidungsfindung führt. In der Regel ist dies nur auf ausgelastete Zeitpläne zurückzuführen und nicht beabsichtigt. Wenn jedoch für jede Entscheidung das Einholen von mehreren Unterschriften und Besprechungen geplant werden müssen, kann dies Wochen dauern.*

Denken Sie daran, dass einer der wichtigsten gesellschaftlichen Trends, die die Millennial-Generation geprägt haben, die Fülle war und die kontinuierliche Veröffentlichung neuer iPhones nur ein Beispiel ist. Seit ihrer Kindheit haben sie nicht nur ständig neue Werkzeuge, sondern auch bahnbrechende Technologien erhalten. Ältere Generationen sind frustriert, wenn sie Zeit und Energie investieren, um zu lernen und Systeme einzurichten, die den Einsatz einer bestimmten Technologie oder Software unterstützen, nur um sie innerhalb kurzer Zeit veraltet zu sehen, aber Millennials lassen sie einfach fallen und gehen weiter die nächste Sache an. **Millennials lassen leicht los, während der Rest von uns festhält, und das ist eine wichtige Lektion für uns alle.**

## Wie »Schnell« aussieht

Loslassen ist das Herzstück dessen, was es bedeutet, schnell zu sein. Genauer gesagt ist es das Loslassen der Kontrolle. Sie müssen die Kontrolle nicht loslassen, um die Geschwindigkeit schrittweise zu verbessern. In diesem Szenario werden die grundlegenden Grenzen des Systems nicht in Frage gestellt. Sie maximieren einfach die Effizienz innerhalb einer Reihe von gut verstandenen Normen. Um jedoch die Geschwindigkeit zu erreichen, die einen Sprung in die nächste Ebene ermöglicht, müssen Sie diese Grenzen überschreiten, und dazu müssen Sie die Kontrolle loslassen. Mario Andretti, ein großartiger Autorennfahrer, hat einmal gesagt:

> *»Wenn alles unter Kontrolle zu sein scheint, fährt man einfach nicht schnell genug.«*

*Back to the Roots* stützte sich bei der Entwicklung seines Vorschlags für neue Produktlinien auf die Leistungsfähigkeit des Internets und die aktuelle Software, sodass das Team die Aufgabe innerhalb weniger Tage erledigen konnte. Andere Unternehmen waren möglicherweise nicht bereit, sich so schnell zu bewegen. Möglicherweise haben sie Zeit gebraucht, um Prototypen zu entwickeln und zu testen, bevor sie die erste öffentliche Vorstellung machten. Möglicherweise brauchten sie Expertenmeinungen, bevor sie es genehmigten. Diese Arten von Aktivitäten werden eingerichtet, um die Dinge besser unter Kontrolle zu halten. Diese Art der Kontrolle aufzugeben, würde sich zu riskant anfühlen, daher erreichen sie nie die Geschwindigkeit, die *Back to the Roots* erreicht hat.

Die Kontrolle aufzugeben ist natürlich nicht einfach, insbesondere als Führungskraft in einer Organisation. Die Leute zählen auf Sie und es steht viel auf dem Spiel, wenn Fehler gemacht werden. Deshalb richten wir in erster Linie Kontrollen ein. Um Geschwindigkeit zu ermöglichen, können wir nicht einfach verlangen, dass Führungskräfte die Kontrolle aufgeben, weil sie dies nicht tun werden. Was wir tun müssen, ist, ihnen etwas im Gegenzug anzubieten, um die Kontrolle aufzugeben:

**Vertrauen**

Menschen geben die Kontrolle auf (und setzen sich damit Risiken aus), wenn sie jemanden oder etwas haben, auf das sie vertrauen können. Sie geben Ihr gesamtes Geld an die Bank weiter, weil Sie darauf vertrauen, dass diese über kompetente Mitarbeiter und die richtigen Prozesse verfügt, um die Sicherheit zu gewährleisten. Es ist ein Risiko, das Sie eingehen möchten, weil Sie Vertrauen in das System haben und sich viel schneller bewegen können, ohne diese Koffer mit Bargeld mit sich zu schleppen. **Mit Vertrauen können Sie die Kontrolle aufgeben, und das beschleunigt die Arbeit.**

*Ich denke, unsere Organisation versucht, die Schritte zu unternehmen, um mit dem schnellen Tempo des Wandels und der gestiegenen Nachfrage nach Geschwindigkeit im heutigen Geschäftsumfeld Schritt zu halten. Ich denke, unsere Organisation hat es schwer mit Mitarbeitern in höheren Ebenen, die seit mehr als zehn Jahren im Unternehmen sind und nicht die schnelle Arbeitsmoral haben, die die jüngere Generation hat. Es ist für die Organisation schwierig, dies anzugehen, ohne die Rollen der treuen Mitarbeiter zu ändern. Ich denke, die Organisation versucht, die Millennial-Generation in das obere Management zu integrieren.*

- Ein Millennial, geb. 1989

In seinem Buch »The Speed of Trust« erzählt Stephen M. R. Covey die Geschichte, wie Warren Buffett aus Berkshire Hathaway in etwa einem Monat eine dreiundzwanzig-Milliarden-Dollar-Akquisition der Walmart-Transportabteilung abschließen konnte, zunächst per Handschlag, vor allem, weil er darauf vertraute, dass der Vorgang genauso abläuft, wie Walmart es versprochen hatte. Herb Kelleher, CEO von Southwest Airlines, genehmigte Berichten zufolge die Umstrukturierung der siebenhundert-Millionen-Dollar-Wartungsorganisation der Fluggesellschaft auf der Grundlage der Überprüfung eines dreiseitigen Memos und einer einzigen Frage an den Leiter dieser Abteilung.[56] Wenn Sie Menschen vertrauen, können Sie schneller vorankommen. Vertrauen ermöglicht Geschwindigkeit.

Damit eine ganze Organisation schnell wird, geht es jedoch nicht nur darum, der Kompetenz der Mitarbeiter zu vertrauen, mit denen Sie zusammenarbeiten (obwohl dies sicherlich ein guter Anfang ist). Eine schnelle Organisation wird ein ganzes Vertrauenssystem aufbauen, um die Geschwindigkeit zu erreichen, die ermöglicht, auf neue Ebenen zu springen, anstatt sich mit inkrementellen Verbesserungen zufrieden zu geben. Ein Vertrauenssystem baut auf einem Scheitelstein auf – dem einen Stein in einem Bogen, der verhindert, dass die anderen Steine zu Boden fallen. Der Eckpfeiler in einem Vertrauenssystem ist ein Kernkonzept, das die primäre Vertrauensquelle darstellt, die die Freigabe der Kontrolle ermöglicht.

Für *Back to the Roots* war der Grundstein die Macht des Internets und die Fähigkeit seiner Mitarbeiter, auf diese Macht zuzugreifen. Zu wissen, dass jeder dort die immense Macht des Internets nutzen konnte, bedeutete, dass er nicht so viel Zeit damit verbringen musste, Möglichkeiten zu überprüfen oder zu testen. Es ist nicht so, dass sie überhaupt nicht verifiziert oder getestet haben – Vertrauen ist nicht dazu gedacht, alle Kontrollen freizugeben, nur ein Teil davon –, aber sie haben weniger getan, als traditionell als notwendig erachtet wird, und das hat die Geschwindigkeit freigeschaltet. Das hat bei *Back to the Roots* funktioniert, macht es aber nicht unbedingt zu einem Modell für alle. Viele verschiedene Grundpfeiler können verwendet werden, um ein Vertrauenssystem in einer Organisation zu schaffen, das es schneller macht.

---

[56] Stephen M. R. Covey und Rebecca R. Merrill, »The Speed of Trust: The One Thing That Changes Everything« (New York: Free Press, 2006), 15.

*Wenn Millennials übernehmen, würde ich mehr lateral agierende Teams aufbauen, die auf gegenseitiger Arbeit und Vertrauen beruhen, und mehr Gelegenheit schaffen, Menschen persönlich kennenzulernen. Ich würde Sitzordnungen erstellen, die entweder auf Teams, Persönlichkeiten, Stärken und dergleichen basieren. Ich hätte auch viel Transparenz, nicht nur vom oberen Management, sondern auch vom mittleren Management.*

- Ein Millennial, geb. 1984

# Fallstudie: Happy State Bank

Betrachten Sie das Beispiel der »Happy State Bank«, einer Gemeindebank in Texas. Die Bank wurde in Happy, einer kleinen Stadt in einem texanischen Landzipfel südlich von Amarillo, gegründet. Happy hat eine Bevölkerung von weniger als eintausend Menschen, und wenn Sie nicht aus der Gegend sind, aber tatsächlich von Happy, Texas, gehört haben, liegt dies wahrscheinlich daran, dass Sie entweder daran vorbeigefahren sind (es ist schwer, das Schild zu vergessen, das Happy als »die Stadt ohne Stirnrunzeln« bezeichnet) oder Sie haben den Film von 1999 mit diesem Namen gesehen (eine Komödie über zwei entkommene Sträflinge, die sich in Happy versteckt haben, obwohl dort nicht einmal gedreht wurde).

Wie jede Gemeindebank hat auch die Happy State Bank klein angefangen. Vor fünfundzwanzig Jahren war es eine zehn-Millionen-Dollar-Bank mit nur sechs Mitarbeitern, die von rund achthundertachtzig Banken in Texas den Platz 812 belegte. Heute liegt ihr Rang auf dem 25. Platz, und aus diesen zehn Millionen US-Dollar wurden zweieinhalb Milliarden US-Dollar. Inzwischen erstrecken sich dreiunddreißig Büros bis nach Dallas.

Ein Schlüsselfaktor für das Wachstum der Bank war ihre Fähigkeit zur Geschwindigkeit. CEO J. Pat Hickman erzählt gern die Geschichte eines Freundes, der die Filiale einer Bank in Plainview, Texas, etwas außerhalb von Lubbock, leitete. Diese Bank wurde gerade von einem Unternehmen mit Hauptsitz in Spanien übernommen, und der Filialleiter war nicht begeistert von der Aussicht, für eine viel größere Bank zu arbeiten. Deshalb wandte er sich an Pat, den er kannte, dem er vertraute und von dem er dachte, dass er möglicherweise Interesse an der Eröffnung einer Niederlassung in Plainview habe. Pat ging an diesem Tag nach Plainview, sie trafen sich mit wichtigen Kunden und nur vier Tage später hatten sie einen lokalen Fahrradladen in die neueste Filiale der Happy State Bank umgebaut, offen und betriebsbereit. (Es stellt sich heraus, dass sie in der Zentrale einen Raum haben, der mit den notwendigen Vorräten und Ausrüstungen für sogenannte »Filial-Startup-Kits« gefüllt ist. Wenn sich solche Gelegenheiten ergeben, können sie schnell reagieren.)

Die Bank ist auch dafür bekannt, Geschäftskredite schneller zu bearbeiten als viele seiner Konkurrenten. Lokale Kreditausschüsse erhalten die Befugnis, Kredite auf einem höheren Niveau als andere Banken zu genehmigen. Während andere Banken einen Antrag an die Zentrale in New York senden müssten, um die Genehmigung eines Kredits in Höhe von dreißigtausend USD zu erhalten, vergeben die lokalen Kreditausschüsse der Happy State Bank viel größere Kredite, ohne dass eine zentrale Genehmigung erforderlich ist.

»Unsere lokalen Komitees müssen nicht warten«, sagte Gary Wells, Senior Banking Officer. »Wenn Sie einen unmittelbaren Bedarf haben, werden wir schnell reagieren. Ein schnelles Nein ist besser als ein langes Vielleicht oder ein langes Nein.«

## Sie kümmern sich wirklich, wirklich um ihre Mitarbeiter

Angesichts der jüngsten Krisen in der Finanzbranche, die eine bedeutende Rolle bei einem der größten wirtschaftlichen Abschwünge in unserer Geschichte gespielt haben, scheint der Prozess der Happy State Bank, die Kontrolle an ihre lokalen Komitees zu übertragen, eine schlechte Idee zu sein, aber dieses System handelt nicht von Rücksichtslosigkeit oder sogar erhöhtes Risiko. Die Führungskräfte der Happy State Bank wissen genau, dass Banken wegen schlechter Kredite untergehen und dass die Qualität der Vermögenswerte von größter Bedeutung ist, und die Kreditausschüsse treffen gute Entscheidungen. Zum Zeitpunkt der Befragung von Mitarbeitern im Rahmen unserer Untersuchungen stellte Wells fest, dass nur zwanzig der rund zwölftausend Kredite der Bank dreißig Tage oder länger überfällig waren. Der einzige Grund, warum es die Kontrolle an die lokalen Komitees abgeben kann, ist, dass es ein System aufgebaut hat, in dem diese lokalen Komitees letztendlich bessere Entscheidungen treffen. **Interessanterweise basiert das System der Happy State Bank auf der disziplinierten und strengen Fokussierung auf zwei Dinge, die normalerweise nicht mit der Welt des Bank- und Finanzwesens verbunden sind: Fürsorge und Beziehungen.**

*Wenn Millennials übernehmen, möchte ich, dass meine Mitarbeiter lieben, wo sie arbeiten. Ich möchte auch, dass sie das Gefühl haben, in einer Umgebung mit Menschen zu arbeiten, denen ihr Wohlbefinden wirklich am Herzen liegt. Das hilft bei der Rekrutierung und Bindung.*
- Ein Millennial, geb. 1984

Alle, mit denen wir bei der Happy State Bank gesprochen haben, kümmern sich intensiv um Kunden und Kollegen. Während die Zuständigkeiten und Berichtslinien klar definiert sind, steht dies dem Aufbau einer starken Beziehung zu einem Kollegen niemals im Wege. Sie sagen Dinge wie »er arbeitet mit mir, nicht für mich«, und Neueinstellungen auf den unteren Ebenen sind oft erstaunt darüber, dass die Leute, die am längsten in der Bank arbeiten, sich die Zeit nehmen, sie kennenzulernen und sich immer zugänglich machen. Der Bankangestellte Rian Clinton sagt:

*»Wenn ein Mitarbeiter mich auffordert, etwas zu tun, mache ich das, weil sie mir wichtig sind. Es ist echt. Es ist nicht erfunden.«*

Sie alle tragen zu einem Fonds bei, der dazu dient, Mitarbeitern zu helfen, die in eine schwierige Situation geraten oder unerwartete Kosten tragen müssen. Sie richten in ihrem Intranet eine Gebetsanfrageliste ein, in der sich die Mitarbeiter gegenseitig um Gebete bitten können. Die Bank unterstützt Mitarbeiter beim Wechsel in verschiedene Positionen, basierend auf deren Karrierewachstum.

*»Wir wollen, dass die Mitarbeiter erfolgreich sind«, sagte Bankangestellter Sean Workman, »also tun wir, was wir können.«*

Dieses Maß an Sorgfalt gilt auch für ihre Kunden. Die Happy State Bank ist natürlich nicht das einzige Unternehmen, das sich auf den Kundenservice konzentriert, aber ihr Fokus scheint von der gleichen grundlegenden menschlichen Fürsorge auszugehen, die sie für ihre Mitarbeiter haben. Trotz des Wachstums der Bank im Laufe der Jahre hat sie noch nie ein Callcenter eröffnet. Sie möchte, dass Kunden die Mitarbeiter ihrer Bank anrufen. Es ist persönlich und die Führungskräfte der Bank erwarten von den Mitarbeitern, dass sie ihre Kunden von Grund auf kennen und sich wirklich um sie kümmern. Wie bereits in Kapitel 3 erwähnt, reisen Mitarbeiter der Happy State Bank bekanntermaßen tatsächlich zu Kunden nach Hause, um ihnen zu helfen, sich beim Online-Banking-System anzumelden. Es ist für sie eine Herzensangelegenheit und sie zeigen es.

### Sie bauen echte Beziehungen intern und extern auf

All diese Fürsorge hat einen Sinn: Beziehungen aufzubauen. Starke Beziehungen sowohl zu Kunden als auch zu Mitarbeitern sind der Grundstein für das Vertrauenssystem der Happy State Bank, und das ermöglicht die Geschwindigkeit. Als die Bankangestellte Lisa Kirkwood für drei Jahre nach Iowa zog und ihren Job (vorübergehend) bei der Happy State Bank aufgab, sagte sie, sie trauere darum, ihre Bankfamilie genauso zu verlassen wie ihre echte Familie. Die internen Beziehungen waren so stark.

Der erste Punkt im Happy State Bank Credo betrifft die Beziehung zum Kunden:

> *Ich werde Kunden mit der gleichen Höflichkeit und dem gleichen Respekt behandeln, die ich erwarten würde, wenn ich in ihrer Position wäre. Jeder Kontakt ist eine Gelegenheit, eine Beziehung aufzubauen oder zu stärken.*

Auch hier mag es sich wie ein klassischer Kundenservice anhören, aber die Beziehungen ermöglichen Geschwindigkeit. Wenn sie enge Beziehungen zu Kunden aufbauen (basierend darauf, dass sie sich wirklich um sie kümmern), teilen die Kunden am Ende mehr Informationen mit der Bank. Sie werden der Bank mitteilen, warum sie eine Anfrage stellen oder womit sie im Zusammenhang mit dieser Anfrage zu kämpfen haben. Die meisten Unternehmen müssen ihre Kunden befragen, um Informationen von ihnen zu erhalten. Die Kunden der Happy State Bank tauschen jedoch proaktiv Informationen aus. Dadurch können die Bankmitarbeiter deren Bedürfnisse proaktiver und flexibler erfüllen. Wenn die Bankmitarbeiter die Kunden und deren Umfeld so gut kennen, können sie sehen, wann wichtige Informationen in einem Kreditantrag fehlen, und sie im Voraus informieren, anstatt darauf zu warten, dass dieser Antrag vom Bearbeitungszentrum in New York zurückgesandt wird und weitere Informationen angefordert werden.

Interne Beziehungen ermöglichen ebenfalls Geschwindigkeit. Die starken Beziehungen zwischen den Hierarchieebenen ermöglichen einen größeren Ideen- und Innovationsfluss. Wenn Sie direkten Zugang zu hochrangigen Bankangestellten haben, einschließlich des CEO (der nicht nur Ihren Namen kennt, sondern auch den Ruf hat, den Namen eines Mitarbeiters nie falsch ausgesprochen zu haben), werden Sie intern weitere Ideen austauschen. Laut der Bankangestellten Sabrina Shields kann das gesamte System dadurch einen Teil seiner Angst vor neuen Ideen auf allen Ebenen verlieren. *»Daraus entsteht Größe. du willst die Größe nicht unterdrücken.«*

Wenn lokale Kreditausschüsse ihre Obergrenze erreichen und die Genehmigung der Zentrale benötigen, haben die leitenden Angestellten bereits in enge Beziehungen zu allen ihren Mitarbeitern investiert. Sie kennen die lokalen Kreditausschüsse so gut, dass sie ihren Einschätzungen leicht vertrauen und schnell die Probleme finden können, die einer genaueren Prüfung bedürfen.

Es mag wie ein Reizthema klingen, aber die Investition in Beziehungen zahlt sich in Bezug auf die Geschwindigkeit aus. Starke Beziehungen schaffen das nötige Vertrauen, um die Kontrolle gerade genug loszulassen, um eine außergewöhnliche Geschwindigkeit aufrechtzuerhalten, ohne das Risiko unnötig zu erhöhen.

# Zum Mitnehmen: Machen Sie Ihre Organisation schnell

Denken Sie daran: Echte organisatorische Geschwindigkeit ist eine tief verwurzelte Fähigkeit, nicht nur ein momentaner Fokus darauf, schneller zu handeln. Eine Sprinterin von Weltklasse entscheidet sich nicht, einfach nur schnell zu laufen – sie trainiert jahrelang und baut die Leistungsfähigkeit auf, um diese Geschwindigkeit zu erreichen. Seien Sie also bereit, auf verschiedenen Ebenen an der Geschwindigkeit zu arbeiten.

### Beginnen Sie mit der niedrig hängenden Frucht

Um die zweite Stufe der Schnelligkeit zu erreichen, über die wir in diesem Kapitel gesprochen haben, die *Back to the Roots* durch das Vertrauen in das Internet und die Happy State Bank durch das Vertrauen in die Community erreicht, hilft es in der Regel, zunächst die erste Stufe der Schnelligkeit erreicht zu haben. Schnelle Unternehmen sind diszipliniert, um Effizienz und Produktivität zu erreichen, die sie an der Spitze ihrer Branche halten. Dies ist ein guter erster Schritt, da er mit dem Verständnis Ihres Geschäfts von innen und außen beginnt. Sie müssen wissen, wie die Dinge funktionieren, um Effizienz und Produktivität zu maximieren. Dies steht tatsächlich im Einklang mit der Sensibilität von Millennial. Millennials sind mit beispielloser Fülle aufgewachsen und kommen daher mit hohen Standards an den Arbeitsplatz. Sie erwarten, dass einfache Probleme bereits gelöst wurden, und dazu gehören grundlegende Effizienz und Produktivität. Sie sind in einer sehr schnellen Welt aufgewachsen und scheinen – als eine neue Generation – mit den langsamen Geschwindigkeiten von Organisationen frustriert zu sein.

Ari Lightman, Professor an der Carnegie Mellon, teilte uns mit, dass seine Studenten es gewohnt sind, über ihre Netzwerke an mehreren Projekten gleichzeitig zusammenzuarbeiten, aber plötzlich in die Welt der professionellen Arbeit hineingestoßen werden, in der sich alles im Schneckentempo bewegt. Intelligente Organisationen werden in ein tiefes

Verständnis ihres eigenen Geschäfts investieren, um ihre Grundgeschwindigkeit zu maximieren und Millennials zu motivieren.

> *Telearbeit, Verwendung von Lync (Skype for Business), flexible Zeitpläne – Menschen leisten zu verschiedenen Zeiten ihre beste Arbeit, und ich halte es für wichtig, dass Mitarbeiter in Umgebungen arbeiten können, die dem förderlich sind. Es braucht ein Team, um wirklich schnell qualitativ hochwertige Arbeit zu leisten. Daher stellt das Gewährleisten sicher, dass alle Mitarbeiter die erforderlichen beruflichen Entwicklungsmöglichkeiten erhalten und dass alle mit der Nachfrage nach Geschwindigkeit Schritt halten.*
>
> \- Ein Millennial, geb. 1984

# Digital sein, Klar sein und Flexibel sein führen zu Schnell sein

Das Überprüfen der vorherigen drei Kapitel in diesem Buch kann ebenfalls hilfreich sein. Die anderen drei von uns identifizierten Fähigkeiten – Digital, Klar und Flexibel – tragen alle zu einer höheren Geschwindigkeit bei.

### Investieren Sie in Technologie und bauen Sie eine digitale Denkweise auf

Einer der Gründe für den Einsatz digitaler Technologie war schon immer, die Arbeit schneller zu erledigen. Viele Unternehmen sollten einmal überprüfen, wie sie ihre vorhandene Technologie nutzen, um ihre Praktiken zu aktualisieren, damit diese die aktuelle Realität des Marktes widerzuspiegeln. Mit anderen Worten: lassen Sie uns die Verwendung von E-Mail als Instant Messaging-Tool einstellen. Nur weil Führungskräfte die Webanwendung SharePoint mögen, muss dies nicht die Antwort auf jedes Projektmanagementproblem sein. Schauen Sie sich an, wie Sie die digitale Denkweise (disziplinierter Fokus auf Benutzer oder Kunden) nutzen können, denn auch dies kann Geschwindigkeit erzeugen - schauen Sie sich einfach die Happy State Bank an.

### Bringen Sie Informationen dorthin, wo sie benötigt werden

Klarheit ermöglicht auch Geschwindigkeit, wie die Ergebnisse von General McChrystal im Irak belegen. Wie er sagte, sind Informationen nur dann wertvoll, wenn sie in den Händen von Menschen gelangen, die diese Informationen verwenden können, um die Dinge besser zu machen. Wenn Sie Transparenz verwenden, um mehr Informationen in die Hände von mehr Personen zu geben, erhöhen Sie unweigerlich Ihre Geschwindigkeit. Sehen Sie sich, wie in Kapitel 4 vorgeschlagen, Ihre Entscheidungsprozesse genau an, um festzustellen, wo Transparenz eingefügt werden kann, da dies dazu beiträgt, dass diese Prozesse schneller ablaufen. Wir empfehlen außerdem, intern zu prüfen, wer Zugriff auf wen hat. Die Happy State Bank hat gezeigt, wie wichtig ein derart breiter Zugang für ihre Geschwindigkeit ist.

### Geben Sie den Menschen vor Ort Macht

Flache Hierarchien wurden lange Zeit als Mittel gegen die lethargische Natur der Bürokratie angesehen. Wenn der erste Schritt, um in einem Unternehmen schneller zu werden, darin besteht, Ihr Unternehmen von innen und außen zu verstehen, um die Effizienz der Produktivität zu maximieren, besteht der nächste Schritt darin, dieses Wissen, wie in Kapitel 5 vorgeschlagen, anzuwenden, um zu verstehen, was den Erfolg wirklich antreibt, denn das ist im Zentrum der Aktivierung einer flacheren und beweglicheren Hierarchie. Dann können Sie in Soft Skills wie Konfliktlösung investieren, denn wenn Menschen Konflikte leicht bewältigen können, kann alles schneller erledigt werden.

Aus diesem Grund ist »Schnell sein« die letzte der vier Fähigkeiten, die wir in diesem Buch untersuchen. Während die anderen drei keine Voraussetzungen sind, um eine schnelle Organisation zu werden, werden

Sie durch die Arbeit, die Sie zur Erreichung dieser anderen drei Fähigkeiten leisten, gut darauf vorbereitet sein, auch schnell zu sein.

## Finden Sie den Schlüssel zur Geschwindigkeit

Nachdem Sie die Voraussetzungen für Geschwindigkeit geschaffen haben, indem Sie Effizienz und Produktivität beherrschen, besteht der nächste Schritt darin, den einzigartigen Schlussstein zu identifizieren und zu entwickeln, der das Vertrauenssystem zusammenhält, das die nächste Geschwindigkeitsstufe für Ihr Unternehmen freischaltet. Dies wird keine leichte Arbeit sein. Denken Sie daran, dass der Zweck der Schaffung eines Vertrauenssystems darin besteht, Ihnen zu ermöglichen, die Kontrolle aufzugeben. Nur wenn Sie die Kontrolle loslassen können, können Sie eine wirklich bahnbrechende Geschwindigkeit erreichen.

## Definieren Sie, was den Erfolg des Unternehmens ausmacht

Natürlich geht es nicht nur darum, die Kontrolle im Allgemeinen loszulassen. Sie möchten die Geschwindigkeit, die Ergebnisse erzielt, die Sie von anderen abhebt, die Ihre Kunden begeistert und Ihre Konkurrenz hinter sich lässt. Das bedeutet, dass die Kontrollbereiche, auf die Sie verzichten, direkt mit der Erschließung eines größeren Potenzials im System verbunden sein müssen. Mit anderen Worten, die Identifizierung des Grundpfeilers in Ihrem Vertrauenssystem beginnt mit einer tiefen Klarheit darüber, was den Erfolg Ihres Unternehmens zunächst ausmacht.

Wie wir am Ende des vorherigen Kapitels besprochen haben, erfordert die Bestimmung, was den Erfolg Ihres Unternehmens bestimmt, eine Ebene, die über das strategisch Offensichtliche hinausgeht. Für QLI bedeutet dies, über die exzellente Gesundheitsversorgung verletzter Patienten hinauszugehen und sich genauer darauf zu konzentrieren, was es bedeutet, zerstörte Leben tatsächlich wieder aufzubauen. **Sie müssen herausfinden, was diese strategische Klarheit für Ihr Unternehmen bedeutet, und dann in Ihre Prozesse, Systeme und Strukturen die**

**erforderlichen Elemente einbauen, um dieses Versprechen zu erfüllen.** Alle Organisationen, die wir in diesem Buch vorgestellt haben, haben das gut gemacht.

*Insgesamt sind wir gegenüber Wettbewerbsfähigkeitsproblemen und Abnutzungserscheinungen weitaus widerstandsfähiger als die meisten anderen, da wir nicht darauf warten, dass der Markt das Problem deutlich macht. Wir sind proaktiv, wenn auch nicht übereifrig, zu viele Initiativen gleichzeitig in Gang zu setzen.*
- Ein Millennial, geb. 1987

### Verwenden Sie die »Blue Ocean Strategie«, um den Schlussstein zu identifizieren

Strategische Klarheit allein gibt Ihnen jedoch nicht den Grundstein für Ihr Vertrauenssystem. Während Sie herausfinden, wo Sie die Kontrolle loslassen können, um die Geschwindigkeit zu erreichen, über die wir sprechen, empfehlen wir Ihnen, über den »Blauen Ozean« nachzudenken. Dieser Begriff stammt aus dem klassischen Strategietext von W. Chan Kim und Renée Mauborgne aus dem Jahr 2005 mit dem Titel »Blue Ocean Strategy«.[57] Ihre Forschung untersuchte Unternehmen, denen es gelungen war, die Kernelemente ihres Geschäfts neu zu definieren, und zwar auf eine Weise, die sie auf einem Markt frei von Wettbewerb führte (ein «»Blauer Ozean« im Gegensatz zum »Blutroten Ozean« von Wettbewerb). Southwest Airlines war ein Paradebeispiel. Anstatt mit den anderen Fluggesellschaften in den gleichen Dimensionen eines traditionellen Geschäftsmodells zu konkurrieren, hat Southwest einige traditionelle Aspekte des Flugverkehrs (First Class Kabinen und Flughafenlounges) vollständig beseitigt, den Schwerpunkt auf andere verlagert (schnelle Durchlaufzeiten) und fügte dann einige neue Elemente hinzu (Mitarbeiter, die sie selbst sein und Spaß an der Arbeit haben könnten). Am Ende

[57] W. Chan Kim und Renée Mauborgne, »Blue Ocean Strategy: How to Create Uncontested Market Space and Make the Competition Irrelevant«, (Boston: Harvard Business School Press, 2005).

versuchte Southwest nicht, die anderen Fluggesellschaften in deren eigenen Spiel zu schlagen. Stattdessen wurde das Spiel neu definiert, natürlich zum eigenen Vorteil. Das ist die Essenz des Denkens im «Blauen Ozean«, im Kontext einer Strategie angewendet: Sie erhöhen, erstellen, reduzieren oder eliminieren Schlüsselaspekte der Strategieformel, auf die sich die Wettbewerber in Ihrer Branche verlassen, und dies gibt Ihnen den exklusiven Zugang zu der Weite der «Blauen Ozeane«.

Dieser Ansatz kann angepasst werden, um den Grundstein für Ihr Vertrauenssystem zu finden. In diesem Fall finden Sie Ihr Fundament, indem Sie die internen Führungspraktiken analysieren, die Ihre Kultur definieren, anstatt sich auf strategische Elemente und Ihren externen Wettbewerb zu konzentrieren. Schauen Sie sich zum Beispiel die Führungsebene an. Möglicherweise hat Ihre Geschäftsleitung die schlechte Angewohnheit, von den unteren Ebenen eine lästige Menge detaillierter Berichte zu verlangen, was die Organisation verlangsamt, indem verhindert wird, dass Mitarbeiter bei Bedarf auf dringende Probleme reagieren. Oder vielleicht neigt Ihre Geschäftsleitung dazu, die Verantwortung von sich zu schieben, wenn sie negatives Feedback von Kunden oder Mitarbeitern erhält, was zu einem geringeren Vertrauen der Kunden oder der Belegschaft führt, die das Gefühl haben, dass ihre Bedenken ignoriert werden.

Auf der positiven Seite: Nehmen wir an, Ihre Geschäftsleitung zeichnet sich dadurch aus, dass sie eine klare Vision etabliert und kommuniziert, die es Menschen auf allen Ebenen hilft, sozusagen in die gleiche Richtung zu rudern.

Um die Denkweise des «Blauen Ozeans« anzuwenden, erstellen Sie eine vollständige Liste aller kritischen Gewohnheiten und Ansätze Ihrer Geschäftsleitung und wenden dann die vier Fokusse Erhöhen, Reduzieren, Erstellen und Eliminieren an, um Ihr Unternehmen von anderen abzuheben. Vielleicht würden Sie sich bemühen, die Zeit zu vermeiden, die die Geschäftsleitung für die Überprüfung detaillierter Berichte aufgewendet hat, oder Sie könnten Wege finden, um die Bestrebungen zur Kommunikation einer klaren Vision zu unterstützen. Indem Sie eliminieren, erhöhen, erstellen und reduzieren, tun Sie das, was Kim und Mauborgne als »Übermalen des Gemäldes Ihrer Führung« bezeichnen, und die

Änderungen, die Sie vornehmen, ermöglichen Ihnen den Zugriff auf die Führerschaft im «Blauen Ozean«.[58]

Um den Grundstein ins Gesamtbild zu bringen: **Konzentrieren Sie sich einfach auf Elemente Ihres Führungsbereichs, die sich auf die Steigerung des Vertrauens und das Loslassen der Kontrolle beziehen, da dies Geschwindigkeit ermöglicht.** Diese unnötigen Berichte loszuwerden, die Vision klarer zu definieren und direkt auf Kunden zu reagieren, wäre für Sie eine Priorität, denn dies sind nicht nur gute Ideen für die Führung, sondern sie alle konzentrieren sich darauf, das Vertrauen zu stärken, die Kontrolle zu verringern und die Geschwindigkeit zu erhöhen. Dies sind natürlich nur Elemente, die Sie durch die Prüfung der gehobenen Führungsebene identifiziert haben. Eine vollständige Analyse würde auch das mittlere Management und die Team-Vorgesetzten umfassen. Wenn Sie die Schlüsselelemente aus all diesen Ebenen identifiziert haben, werden Sie wahrscheinlich in der Lage sein, diesen einzigartigen Schlussstein zu entdecken, der für Sie diesen Geschwindigkeitssprung auf die nächste Ebene freischaltet.

Für die Happy State Bank zeigte die detaillierte Analyse der Führungsbedürfnisse auf allen Führungsebenen, dass das Fundament in starken Beziehungen lag. Für *Back to the Roots* war es das Vertrauen in das Internet, modernste Software und Mitarbeiter, die keine Angst haben, diese Tools zu verwenden. Sobald Sie Ihre gefunden haben, können Sie die erforderlichen Änderungen an Ihrer Kultur vornehmen und auf die Geschwindigkeit zugreifen.

## Von Schnell zu Digital

Wir haben Sie oben ermutigt, zu den anderen drei Kapiteln zurückzukehren: Digital, Klar und Flexibel. Warum? Weil, wenn wir diese Prinzipien, bei denen es im Wesentlichen darum geht, unsere starren, mechanischen

---

[58] W. Chan Kim und Renée Mauborgne, »Blue Ocean Leadership«, Harvard Business Review, Mai 2014, Seiten 60-72.

Systeme in von Menschen betriebene, evolutionäre Ökosysteme zu verwandeln, wirklich umarmen wollen, bedeutet dies, dass die Arbeit niemals erledigt wird. Wir müssen weiter iterieren (und springen). Wir müssen unsere Denkweisen weiter überprüfen und sicherstellen, dass unsere Strukturen noch nicht so veraltet sind wie unsere klobige Datenbanksoftware. Wir müssen weiterhin die Werte definieren, die unseren Erfolg bestimmen, da diese auch nicht statisch sind. Diese Vorstellung kann Sie erschöpfen oder, wenn Sie wie viele Millennials sind, Sie begeistern. In jedem Fall vollzieht sich eine Veränderung, die sich nicht verlangsamt. Anstatt sich davor zu fürchten, sollten Sie sich optimistisch über die Möglichkeiten freuen, die sich für Ihr Unternehmen ergeben.

**Wenn Sie sich unter Kontrolle fühlen, sind Sie nicht schnell genug. Fühlen Sie den Wind in Ihren Haaren und lassen Sie gerade genug los, um das Hochgefühl fließen zu lassen. Wir sprechen schließlich von einer Revolution im Management.**

**Jetzt ist nicht die Zeit zu zögern.**

;)

# 7. Fahren Sie fort, bis Sie festgenommen werden

Die Revolution kommt.

Revolutionen gab es natürlich früher und wird es wieder geben. Die besondere Revolution, über die wir in diesem Buch geschrieben haben, betrifft Führung, Management und Geschäft, aber wie wir in Kapitel 2 dargelegt haben, findet dieser Vier-Jahreszeiten-Zyklus seit Jahrhunderten auf Generationenebene statt. Wir haben die Weltwirtschaftskrise und den Zweiten Weltkrieg überstanden. Wir haben den Bürgerkrieg überlebt. Wir sind aus unserem Kampf für Unabhängigkeit im Revolutionskrieg als Sieger hervorgegangen. Alle vier Generationen haben wir einen dunklen und kalten Winter erlebt, und jedes Mal kam schließlich der Frühling. Das gilt heute auch. Der Frühling kommt.

Und jedes Mal trat eine neue Generation in das Erwachsenenalter ein, die den Umbruch anführte. Sie haben es nicht allein geschafft, aber sie befanden sich in einer Lebensphase, die sie in die Lage versetzte, zu führen, und sie stellten sich der Herausforderung. Heute sind es die Millennials. Für diejenigen von uns, die schon eine Weile im Berufsleben stehen (d.h. Generation Xer und Baby Boomer), mag all diese Aufmerksamkeit für die Millennials abstoßend sein, aber denken Sie daran, dass jeder auf einer heldenhaften Reise eine Rolle spielt. Für jeden Luke Skywalker (Millennial) besteht immer ein Bedarf an einem Obi-Wan Kenobi (Baby Boomer) und sogar gelegentlich an einem zynischen und unabhängigen Han Solo (Generation Xer). Wir wissen, dass es ein Klischee ist, aber wir sind alle zusammen dabei.

Zusammengehörigkeit erweist sich als Schlüsselbegriff für diesen großen Generationswechsel. Für jede der vorherigen »vierten Wendungen« waren Zusammengehörigkeit und Einheit von zentraler Bedeutung für unseren Erfolg beim Übergang. Denken Sie an die »Join or Die« -Flaggen der amerikanischen Revolution oder einfach an die Erhaltung der Union im Bürgerkrieg. Selbst am Ende der Großen Depression und des Zweiten Weltkriegs ging es darum, in einer Gemeinschaft zusammenzukommen, um sowohl die Wirtschaft wieder aufzubauen als auch die Ausbreitung der Diktatur in der Welt zu verhindern. **Um die schweren Zeiten zu überstehen, kommen wir zusammen. Dies ist ebenso wie der Optimismus eine Schlüsselkomponente für eine erfolgreiche Revolution.** Während wir diese schweren Zeiten durcharbeiten, müssen wir neu lernen, wie wir miteinander in Gemeinschaft sein können. Bei all dem Zusammenkommen geht es nicht nur um Zusammenarbeit, sondern darum, bewusst eine Gemeinschaft aufzubauen und zu pflegen.

## Gemeinwesen

Sie denken vielleicht, was hat »Gemeinwesen« mit der Zukunft der Geschäftswelt zu tun?

Schauen wir uns die vier Organisationen genauer an, die wir in den vorherigen vier Kapiteln vorgestellt haben, und sehen wir, wie die Ideen von Gemeinschaft und Zusammengehörigkeit in die Fähigkeiten von »Digital sein«, »Klar sein«, »Flexibel sein« und »Schnell sein« eingebunden sind.

Die »American Society for Surgery of the Hand« (ASSH) hat uns gezeigt, wie man digital ist. ASSH hat nicht gezögert, in digitale Technologie zu investieren, und, was noch wichtiger ist, die digitale Denkweise voll und ganz zu berücksichtigen, seine Angebote mit Blick auf den Kunden zu gestalten und die Organisation nach den Erfahrungen der Mitarbeiter zu gestalten. Infolgedessen hat die Produktivität zugenommen. Wenn die Firmenkultur auf die Bedürfnisse der Mitarbeiter zugeschnitten ist, werden sie mehr erledigt. Es erhöht auch das Engagement.

»Dieser Ort kümmert sich mehr um uns, deshalb sollten wir uns mehr um diesen Ort kümmern«, wie ein Mitarbeiter sagte. Sie sind agil und anpassungsfähig – der mitarbeiterorientierte Arbeitsplatz erleichtert es verschiedenen Menschen, das ganze Jahr über bei verschiedenen Aufgaben zu helfen. Sie sind proaktiv. Sie innovieren. Und sie machen alles zusammen – buchstäblich, da alle Schreibtische zusammen in einem Raum stehen. Mitarbeiterversammlungen werden alle zwei Wochen von Mitarbeitern und nicht von Führungskräften geleitet. Sie schätzen die Macht ihrer Gemeinschaft.

Menlo Innovations ist eigentlich in der digitalen Industrie tätig, hat uns aber gezeigt, wie man Klar ist. Die Programmierer arbeiten paarweise, sodass der Code beim Schreiben tatsächlich sichtbar wird und das Projektmanagementsystem buchstäblich an die Wand geklebt wird, damit jeder es sehen kann. Die Mitarbeiter von Menlo zeigen all dies sogar ihren Kunden, die ins Büro kommen, um bei der Planung zu helfen. All diese Transparenz ermöglicht es jedem im System, intelligentere Entscheidungen zu treffen. Der Code ist von höherer Qualität, die Bedürfnisse der Benutzer spiegeln sich besser im Endprodukt wider und interne Probleme und Herausforderungen werden direkt gelöst, ohne dass Manager erforderlich sind. Und auch Menlo kümmert sich um die Gemeinschaft. Wie bei ASSH arbeiten alle Mitarbeiter in einem großen Raum zusammen und beginnen jeden Tag mit einer kurzen, fünfzehn-minütigen Besprechung aller Mitarbeiter, bei der jedes Programmierer-Paar darüber spricht, woran sie arbeiten. Sie beenden das Treffen sogar mit einem Verweis auf die Hill Street Blues-Fernsehsendung und fordern alle auf, »da draußen vorsichtig zu sein«. Sie werden nicht zögern, frisch gebackene Eltern zu unterstützen, die Babys mit zur Arbeit bringen (anstatt die Eltern von zu Hause aus arbeiten zu lassen), weil sie Wert darauf legen, als Gruppe zusammenzuarbeiten. Ja, der CEO hat mit einem wichtigen Kunden telefoniert, während er ein lautes Baby hielt, denn so unterstützen Sie sich gegenseitig in einer Community. Gemeinschaft ist wichtig.

QLI ist ein Gesundheitsunternehmen, das uns gezeigt hat, was es bedeutet, Flexibel zu sein. Es hat eine Hierarchie, ist aber flexibel und Entscheidungen werden basierend darauf getroffen, wer über das relevante

Wissen über den Patienten verfügt – nicht nur medizinisch, sondern auch im Kontext der Hoffnungen und Träume des Patienten. Dies ermöglicht es den QLI-Mitarbeitern, erstaunliche Dinge zu erreichen und die schwierigsten Probleme zu lösen, während sie auf allen Ebenen echtes Eigentümerverhalten auslösen. Und sie erkennen, dass sie diese Ergebnisse nur mit einer starken internen Gemeinschaft aufrechterhalten können. Sie investieren in Soft Skills wie Konfliktlösung, um Menschen dabei zu helfen, ihre Beziehungen zu stärken. Sie haben sogar eine Reihe interner Rollen (Mentoren und Fachleute genannt), die außerhalb der traditionellen Hierarchie liegen und speziell darauf ausgelegt sind, ihre Kultur zu unterstützen und zu fördern, um sicherzustellen, dass ihre Gemeinschaft stark bleibt.

Und schließlich hat uns die Happy State Bank gezeigt, wie man schnell ist, obwohl sie sich in einer stark regulierten Branche befindet. Das Unternehmen nutzt die Macht interner und externer Beziehungen und hat ein Vertrauenssystem aufgebaut, das es seinen Mitarbeitern ermöglicht, gerade genug Kontrolle loszulassen, um den Wettbewerbern einen Schritt voraus zu sein. Tiefere Beziehungen decken Probleme früher auf und beschleunigen auch die Lösungen, was zu einem schnellen Wachstum führt, bei dem sie niemals ihre Kultur der Fürsorge aufgeben müssen. Familie und Gemeinschaft stehen im Zentrum der Firmenkultur und sind der Erfolg der Bank geblieben.

Als wir diese vier Fähigkeiten durch unsere Forschung erkannten, konzentrierten wir uns auf die wichtigen Methoden, mit denen sie die konkreten und allgegenwärtigen Geschäftsprobleme angehen, mit denen Unternehmen in der heutigen Wirtschaft konfrontiert sind, und die Fallstudienorganisationen haben diese Macht deutlich gezeigt. Durch die Entscheidung, Digital, Klar, Flexibel und Schnell zu sein, erzielen Sie eine höhere Produktivität und häufigere Innovationen. Sie sind in der Lage, Probleme schneller und gründlicher zu lösen, und Sie sind geschickter darin, Lösungen zu entwickeln, die für Ihre Kunden funktionieren. Sie schlagen nicht nur Ihre Konkurrenz deutlich; Sie tun dies, während Sie zwei der schwierigsten Managementprobleme lösen, die uns der traditionelle Maschinenansatz beschert hat: schlechtes Engagement der Mitarbeiter und mangelnde organisatorische Agilität.

Wir haben dieses Buch als praktischen Leitfaden geschrieben, der Führungskräften konkrete Praktiken zeigt, die die Ergebnisse verbessern und eine größere Wirkung erzielen können. Digital, Klar, Flexibel und Schnell erledigen das für Sie. Auf dem Weg dorthin bemerkten wir jedoch eine weitere Schicht der Erkenntnisse aus der Forschung. Innovation, Produktivität, Beweglichkeit und Problemlösung schienen von einer Reihe anderer organisatorischer Ergebnisse begleitet zu sein, die die »weichere Seite« des Geschäfts widerspiegelten: Dinge wie Engagement, Beziehungen, Fürsorge, Kultur, Familie, Vertrauen, Freude und, natürlich, Gemeinschaft.

Sie können dies in jeder der Fallstudienorganisationen sehen. **Digital, Klar, Flexibel und Schnell sind zwar objektiv leistungsstark, aber erfolgreicher, wenn sie mit den Fähigkeiten verbunden sind, die für eine starke Gemeinschaft erforderlich sind.**

Denken Sie daran, was wir in Kapitel 2 gesagt haben: Die effektivsten Lösungen für die Zukunft des Geschäfts werden mit dem einzigartigen historischen Kontext von heute verbunden sein, und der heutige Kontext ist eine vierte Wendung, ein Übergang vom Winter zum Frühling, wo wir in Gemeinschaftsangelegenheiten zusammenkommen. Einige der Ideen, die wir in diesem Buch vorstellen, sind nicht besonders neu, aber als sie in der Vergangenheit als Alternativen zum traditionellen Management eingeführt wurden, wurden sie nie vollständig übernommen, da der historische Kontext dafür nicht richtig war.

In den 1920er Jahren führte beispielsweise Professor Elton Mayo von der Harvard Business School im Werk Hawthorne der Western Electric Company außerhalb von Chicago eine Reihe von Experimenten durch, die sich speziell auf den menschlichen Aspekt der Arbeit konzentrierten. Die Forscher wollten ursprünglich das optimale Lichtniveau für die Arbeit in der Anlage bestimmen, entdeckten jedoch versehentlich ein noch wichtigeres Prinzip: Wenn Sie zeigen, dass Sie sich tatsächlich um die Arbeiter kümmern, indem Sie sie fragen, welches Lichtniveau sie bevorzugen, erhöhen Sie deren Leistung - unabhängig davon, welches

Beleuchtungsschema Sie wählen. (Dieses Prinzip wurde als »Hawthorne-Effekt« bekannt.[59])

Jetzt, fast einhundert Jahre später, heben wir die Arbeit der Happy State Bank hervor und wie sehr sich deren Führungskräfte sowohl um die Kunden als auch um die Mitarbeiter kümmern. Der Grund, warum diese Idee heute funktioniert, während es im letzten Jahrhundert nicht gelungen ist, sie zu implementieren, ist, dass der **Wandel heutzutage menschliche Gemeinschaft braucht, um zu funktionieren, während im letzten Jahrhundert Maschinen gebraucht wurden.**

Wenn Sie Ihrer Konkurrenz einen Schritt voraus sein möchten und die Wellen dieses perfekten Sturms, der sich in den nächsten Jahren zuspitzen wird, erfolgreich reiten möchten, müssen Sie die vier Fähigkeiten, die wir besprochen haben, zur gleichen Zeit mit den auf Menschen und dem Gemeinwesen orientierten Aspekten des Geschäfts integrieren. Möglicherweise haben Sie inzwischen erkannt, dass dies die meisten Lieblinge der Wirtschaftspresse in den letzten Jahren getan haben (z. B. Zappos, Whole Foods, Google, Morning Star, Netflix und andere). Wir lesen so viele leuchtende Geschichten über diese Unternehmen im Internet, nicht nur, weil diese Unternehmen die Dinge anders machen, sondern weil sie gleichzeitig äußerst erfolgreich Gewinne erzielen.

Wenn diese ihre Kapazitäten für Digital, Klar, Flexibel und Schnell aufbauen und sicherstellen, dass sie in Vertrauen, Fürsorge, Beziehungen und eine starke Community integriert sind, können Sie dies auch tun. Der Grund, warum Millennials Verfechter dieser Ideen sind – nicht nur im Allgemeinen, sondern speziell, um Ihnen in Ihrem Unternehmen zu helfen –, ist, dass diese Prinzipien aus den von uns erläuterten Gründen für sie selbstverständlich sind. Wir alle müssen zusammenarbeiten, um unsere Luken zu schließen, denn der perfekte Sturm hat uns noch nicht mit voller Wucht getroffen. Die Kapazitäten von Digital, Klar, Flexibel und Schnell sind nicht so weit verbreitet, wie sie sein müssen. Wir müssen jetzt anfangen.

---

59 Franke und Kaul, »The Hawthorne experiments«, 623-43.

In den vorangegangenen vier Kapiteln haben wir Ihnen konkrete Hinweise gegeben, an denen Sie Vorbereitungen und Änderungen treffen können, indem Sie:

- Ihre HR-Praxis innovieren.
- Ihre Entscheidungsprozesse überprüfen.
- Eine Transparenzarchitektur entwerfen.
- In Soft Skills investieren.
- Den Grundstein Ihres Vertrauenssystems finden.

Wir haben Ihnen in diesem Buch viele umsetzbare Ideen gegeben, aber wenn Sie sich die Liste der Dinge ansehen, an denen Sie arbeiten müssen, werden Sie feststellen, dass die meisten davon in einen Bereich eingebettet sind, über den wir in diesem Buch häufig gesprochen haben, aber auf den wir uns noch nicht voll konzentriert haben: Kultur.

## Kultur

In den letzten Jahren hat die Organisationskultur in der Geschäftswelt an Bedeutung gewonnen. »Kultur« ist in der Tat das Wort des Jahres 2014 von Merriam-Webster.[60]

Einige haben bereits behauptet, dass Ideen wie Kultur und Mitarbeiterengagement bereits zu populär geworden sind und das Niveau von Schlagworten erreicht haben.

Das glauben wir nicht.

Die schnell wachsende Aufmerksamkeit, die diese Ideen erhalten, liegt nicht daran, dass sie zur Modeerscheinung des Tages geworden sind; dies liegt vielmehr daran, dass Kultur für den Übergang des Managements von der industriellen Welt zum digitalen Zeitalter besonders relevant ist.

---

[60] »Merriam-Webster Announces ›Culture‹ as 2014 Word of the Year,« Merriam-Webster, 15. Dezember 2014, http://www.merriam-webster.com/info/2014-word-of-the-year.htm (aufgerufen am 26. Dezember 2014).

Dies liegt daran, dass die Zukunft der Geschäftswelt untrennbar mit der Gemeinschaft verbunden ist und Sie keine Gemeinschaft ohne eine starke und (was noch wichtiger ist) bewusste Kultur aufbauen können. **Das ist eine Sache, die jede unserer Fallstudienorganisationen anfangs gemeinsam hatte: Sie haben starke und stabile Kulturen, die es ihnen ermöglichen, sowohl die besten Kunden als auch die besten Mitarbeiter anzuziehen.** Und keine dieser Kulturen ist ein Unfall.

Die meisten Firmenkulturen sind jedoch zufällig. Wir neigen dazu, fast unsere gesamte Aufmerksamkeit auf die Führung des Geschäfts zu richten und denken nur während des gelegentlichen Offsite-Retreat an die Kultur, bei dem wir eine Liste der Grundwerte erstellen. Kultur braucht mehr als eine Liste von Werten, die an der Wand hängen. (Nebenbei gesagt: Enron hatte eine Reihe von schönen Werten auch in seiner Lobby veröffentlicht.) Denken Sie an die Definition von Kultur, die wir in Kapitel 4 erläutert haben:

**Organisationskultur ist die Sammlung von Wörtern, Handlungen, Gedanken und »Dingen«, die klarstellen und verstärkt, was ein Unternehmen wirklich schätzt.**

Die Wörter, die Sie an die Wand hängen, sind ein Teil davon, aber Kultur wird auch durch die Handlungen aller, die zugrunde liegenden Denkprozesse und Annahmen, wobei die konkreten Teile der Funktionsweise Ihres Unternehmens (Bürolayout, Bürostandort, verwendete Technologie usw.) jedem klar machen, was intern geschätzt wird. Es geht weniger um die hohen Werte als vielmehr um Klarheit darüber, was im Alltag wirklich geschätzt wird.

Bei Menlo Innovations legen die Mitarbeiter großen Wert auf Zusammenarbeit und Transparenz. Dies wird auf verschiedene Weise deutlich. Das offensichtlichste ist, dass zwei Programmierer beim Schreiben ihres Codes einen Computer gemeinsam nutzen. (Die Zusammenarbeit ist nicht optional, wenn Sie eine Maus und eine Tastatur gemeinsam nutzen.) Es reicht jedoch nie aus, nur die Zusammenarbeit zu diktieren. Sie müssen eine klare Verbindung zwischen dem herstellen, was geschätzt wird und warum dies den Erfolg innerhalb des Unternehmens fördert.

Wir nahmen an einem Performance-Feedback-Meeting in Menlo teil, das einer der Entwickler dort (nennen wir ihn John) organisiert hatte. Bei Menlo gibt es keinen jährlichen Prozess, bei dem der Chef Sie dazu bringt, ein Formular auszufüllen. Wenn Sie Feedback wünschen, das Ihnen hilft, zu wachsen und sich zu verbessern, berufen Sie beim Mittagessen ein Treffen Ihrer Kollegen ein und besprechen Ihre Fortschritte.

Ein wesentlicher Teil dieses speziellen Gesprächs während Johns Feedback-Meeting war die Richtung, in die er bei einem bestimmten Projekt eingeschlagen hat, ohne es für den Rest des Teams sichtbar zu machen. Er experimentierte mit neuem Code, aber nebenher, da er wusste, dass es zuvor Widerstand gegen den Vorschlag gegeben hatte. Schließlich stellte er fest, dass diese Arbeit »im Verborgenen« gegen die Unternehmenskultur verstieß. Ob es nun ein guter Code war oder nicht, es war nicht so, wie ein Code bei Menlo geschrieben wurde, also hat er ihn gelöscht. Einer seiner Kollegen in der Besprechung dankte ihm und erklärte dann weiter, warum dies so wichtig war. Der Code ist kollaborativ und sichtbar geschrieben, sodass das gesamte Team während der Entwicklung des Codes »die Schachzüge sieben oder acht Züge weiter spielen kann«. Etwas nebenherzuschreiben, raubt dem Team diese Fähigkeit zum Nachteil des Endergebnisses. Mit anderen Worten, Transparenz und Zusammenarbeit führen zu einer besseren Software im jeweiligen Kontext. Es treibt den Erfolg an. Das ist kulturelle Klarheit. Und das war kein Zufall. CEO Rich Sheridan und sein Geschäftspartner James Goebel haben Menlo Innovations speziell für diese Kultur entwickelt (und sie haben es 2001 in den Tiefen der Depression der Softwarewelt geschaffen, aber von Anfang an erfolgreich).

Was uns zu Ihnen zurückbringt. Sie sind nicht Rich Sheridan. Sie sind möglicherweise nicht einmal der CEO, und selbst wenn Sie es sind, sind Sie wahrscheinlich nicht in der Lage, eine Organisation von Grund auf neu zu gründen, wie es Rich getan hat. Sie arbeiten bereits für eine Organisation, und diese Organisation hat bereits eine Firmenkultur. Wenn Sie Glück haben, ist die Kultur beabsichtigt, aber es ist wahrscheinlicher, dass die Kultur zumindest teilweise zufällig ist. Sie hat sich im Laufe der Jahre weiterentwickelt und verändert, hauptsächlich als Reaktion auf das, was die Mitarbeiter der Organisation vom CEO erwartet hatten.

# Gründerkultur

Ihre Aufgabe ist es, das umzukehren.

Wir sind der Meinung, dass Sie Ihre Organisation Digitaler, Klarer, Flexibler und Schneller gestalten sollten. Wenn Sie jedoch daran arbeiten, müssen Sie auch sicherstellen, dass diese Ideen in die Struktur Ihrer Kultur eingebunden werden, anstatt als coole neue Prozesse umgesetzt zu werden, über die Sie in einem Buch über Geschäftspraktiken gelesen haben. Sie müssen diese zusätzliche Verschiebung von einer zufälligen zu einer absichtlichen, bewussten Kultur vornehmen.

Wenn Sie der CEO sind, bedeutet dies buchstäblich, Kultur zu Ihrem Job zu machen. Es ist wahrscheinlich schon irgendwo in Ihrer Stellenbeschreibung, aber die meisten CEOs haben dies in die Kategorie »Ja, ich bin dafür verantwortlich, aber es nimmt nicht zu viel von meiner Aufmerksamkeit in Anspruch.« Das ist ein sicherer Weg zu einer zufälligen Kultur. **CEOs müssen ihre Firmenkultur aktiv auswählen, sonst wird sie für sie ausgewählt.** Und dieses lediglich auf einem dieser Offsite-Meetings zu tun, bei denen Sie die allgemeinen Grundwerte (Ehrlichkeit, Integrität, Exzellenz usw.) festlegen, damit Sie das Kontrollkästchen für Kultur abhaken können, reicht nicht aus. Mitarbeiter können eine halbherzige Verpflichtung zur Kultur in einer Entfernung von einer Meile riechen, und sie bleibt nicht hängen. Stattdessen schauen sie über die fade Wertaussage hinaus und hinterfragen Ihre tatsächlichen Aussagen und Ihr tatsächliches Verhalten und erfinden dann eine darauf basierende Kultur. Wir sind uns nicht sicher, warum Mitarbeiter diese Macht zur Gestaltung der Kultur routinemäßig an den CEO abtreten, aber sie tun es.

Deshalb müssen Sie Kultur zu Ihrem Beruf machen. Wir wissen, dass Sie eine Menge anderer Dinge zu tun haben, aber Sie möchten vielleicht Wege finden, um einige davon zu delegieren (was einfacher sein könnte, wenn Ihre Organisation flexibel wäre – Hinweis, Hinweis), weil eine starke Kultur ganz einfach vom CEO gelebt werden muss. Es muss ganz oben bei den Prioritäten sein und konsequent praktiziert werden, und es bedarf Ihrer Pflege und Aufmerksamkeit. Die Mitarbeiter müssen eine

Übereinstimmung zwischen dem, was Sie als Kultur bezeichnen, und der Art und Weise, wie Sie sie praktizieren, sehen. Andernfalls entscheiden sie selbst wieder, was die Kultur ist. Alle CEOs der von uns vorgestellten Organisationen haben die Kultur so ernst genommen, und Sie haben die Ergebnisse gesehen, die sie erzielt haben. Machen Sie sich die Arbeit, Ihre aktuelle Kultur zu verstehen (siehe den Abschnitt »Zum Mitnehmen« in Kapitel 4), verbinden Sie dies mit dem, was den Erfolg Ihres Unternehmens antreibt (siehe den Abschnitt »Zum Mitnehmen« in Kapitel 5), und machen Sie es sich zur Aufgabe, eine starke Kultur zu schaffen, die anzieht.

## Graswurzelkultur

Wenn Sie nicht der CEO sind, sind Sie immer noch nicht vom Haken. Nur weil Mitarbeiter die Befugnis zur Definition der Unternehmenskultur an den CEO abtreten, heißt das nicht, dass sie dies tun müssen. **Sie haben die Macht, Dinge von Ihrer Position aus zu formen, unabhängig davon, wo Sie sitzen.** So sehr der CEO die Macht hat, die Kultur eines Unternehmens zu definieren, bleibt die Tatsache bestehen, dass die Kultur durch alle Mitarbeiter zum Leben erweckt wird. Gute CEOs verstehen das natürlich, und ihre Handlungen zielen darauf ab, die kulturellen Normen unter den Mitarbeitern zu fördern, damit sie sich auf natürliche Weise so verhalten. Kultur zu Ihrem Beruf zu machen, bedeutet zum Teil, die Kultur bewusst zu leben. Wenn diese Wertaussagen, die an der Wand hängen, Ihnen tatsächlich helfen, erfolgreicher in Ihrer Arbeit zu sein, achten Sie sowohl auf Ihr Verhalten als auch auf das anderer und machen Sie alle für diese Werte verantwortlich. Seien Sie nett dazu, aber haben Sie den Mut, Menschen darauf aufmerksam zu machen, wenn sie sich auf eine Weise verhalten, die nicht mit der Kultur vereinbar ist. Wenn Sie dies nicht tun, kehrt die Kultur in den zufälligen Modus zurück. Niemand behauptet, eine starke Kultur zu haben, wäre einfach.

Es ist natürlich möglich, dass Sie sich in einer Organisation befinden, in der die Vorgesetzten die Dinge nicht so sehen, wie Sie es tun. Sie schätzen möglicherweise noch nicht das Potenzial, das durch die Digitalisierung, Klarheit, Flexibilität oder Schnelligkeit realisiert werden könnte. Unabhängig davon, ob es sich um einen Zufall oder eine Absicht handelt, haben sie möglicherweise eine Organisation mit einer Kultur geschaffen, die Ihrer Meinung nach nicht mit der Zukunft des Geschäfts vereinbar ist. Was machen Sie dann? Sie beginnen mit der Wahl zu bleiben oder zu gehen. Es heißt, dass Menschen nicht die Organisationen verlassen; sie verlassen die Manager. Aber häufiger ist es die Kultur, die sie verlassen, und die Manager spiegeln einfach diese Kultur wider. **Diese große Wahl steht an erster Stelle, weil das Leben kurz ist und Sie lieben sollten, wo Sie arbeiten.** So viele Menschen verschwenden so viel Zeit und Produktivität, weil sie diese Entscheidung über das Bleiben oder Verlassen aufgrund der Angst vor dem Unbekannten oder der vagen Hoffnung, dass sich ihre aktuelle Situation irgendwie verbessern wird, verschieben. Dies ist ein Grund, warum unsere Engagement-Zahlen so niedrig sind. Treffen Sie Ihre Wahl. Seien Sie mutig. Wenn es nicht funktioniert, wo Sie sind, dann suchen (oder erschaffen) Sie einen Ort, an dem es funktioniert.

Mit dieser Wahl zu beginnen, hat auch einen starken Einfluss auf Sie, wenn Sie sich dafür entscheiden, in der Organisation zu bleiben, auch wenn die Kultur nicht so ist, wie Sie es sich vorstellen. **Wenn Sie bleiben, markieren Sie Ihr Revier.** Sie entscheiden sich, zu bleiben und die Dinge besser zu machen.

Also los. Finden Sie die spezifischen Elemente in diesem Buch, von denen Sie glauben, dass sie den größten Einfluss auf die organisatorische Effektivität haben, und entwerfen Sie dann Experimente, um sie umzusetzen. Da Sie gegen die bestehende Kultur verstoßen, sollten Sie mit Widerstand rechnen, aber in solchen Fällen verweisen wir die Menschen immer auf das Mantra von Florence Nightingale, als sie das moderne Krankenhaus erfand: Fahren Sie fort, bis Sie wahrgenommen wurden.

# Fahren Sie fort, bis Sie festgenommen werden

Warten Sie nicht auf die Erlaubnis. Führen Sie so viele Experimente wie möglich durch. Irgendwann werden Sie von jemandem »festgenommen«, der angibt, dass Ihr Ansatz »nicht so wie wir hier Dinge tun« ist oder der fragt, warum Sie nicht den Standardprozess verwenden. Wenn Sie zur Rede gestellt werden, müssen Sie antworten und erklären, warum Sie experimentieren. Es ist niemals ratsam, Leute zu überfahren, die sich Ihnen widersetzen, aber keine Erlaubnis zu haben, sollte Sie nicht aufhalten.

Wenn Sie mit dieser »Verhaftung« wirklich gut umgehen möchten, stellen Sie sicher, dass Sie die positiven Ergebnisse aller Ihrer vorherigen Experimente artikulieren können. Chefs lieben Ergebnisse. Zu oft versuchen wir, sie mit den abstrakten Gründen und Denkprozessen zu überzeugen, die hinter einem neuen Ansatz stehen. Da die Chefs jedoch bereits das Gefühl haben, mit den aktuellen Prozessen angemessene Ergebnisse erzielt zu haben, scheinen diese Argumente immer blass zu sein. Wenn Sie ihnen jedoch die Ergebnisse zeigen können, die Sie mit dem neuen Weg erzielt haben, sind sie eher geneigt, zuzuhören.

Denken Sie an Morning Star und den Saisonmitarbeiter zurück, der einen Computer gekauft hat, um die Datenanalyse an einem bestimmten Punkt seiner Tomatenverarbeitung zu ermöglichen. In dieser Kultur hatte er bereits die Erlaubnis, diesen Computer zu kaufen und dieses Experiment durchzuführen, aber was, wenn er es nicht getan hätte? Jemand war vielleicht verärgert, als er die Belastung der Firmenkreditkarte mit eintausendfünfhundert US-Dollar sah, aber als er dann erklären konnte, wie das Hinzufügen dieses Computers dem Unternehmen X Dollar an Geld sparte, schien die Überschreitung der bestehenden Kultur und des Prozesses nicht so schlimm zu sein.

**Wenn Sie neue Prozesse einführen und die Verbindung zu den Ergebnissen herstellen können, sind Sie einem Kulturwandel einen Schritt nähergekommen.**

Es gibt noch viel mehr zu tun, um einen Kulturwandel herbeizuführen, und vieles davon liegt möglicherweise außerhalb Ihrer Kontrolle oder Ihrer Domäne, aber Sie müssen Ihren Beitrag leisten. Bleiben Sie konzentriert auf das, was funktioniert, messen Sie die Ergebnisse und engagieren Sie sich mit der Opposition. Das Schlimmste, was passieren wird, ist, dass Sie mehr Beweise dafür erhalten, dass Ihre langfristige Zukunft möglicherweise nicht bei diesem Unternehmen liegt.

## Die Zukunft der Geschäftswelt

Es ist ein Zufall der Geschichte, dass Sie dieses Buch gerade lesen, zu einer Zeit, in der das Management einen Vier-Jahreszeiten-Zyklus abgeschlossen hat und sich am Beginn einer neuen Ära befindet. Wir könnten versuchen, eine große Sache daraus zu machen und diesen Moment sogar zu verherrlichen, um Sie zu inspirieren, Maßnahmen zu ergreifen. Aber Ruhm ist nicht der Punkt. Der Punkt im Moment ist fokussierte, harte Arbeit, wie bei jedem größeren Übergang. Wir alle müssen Ruhm und individuelle Auszeichnungen und Gewinne für eine Weile auf den Rücksitz bringen, die Ärmel hochkrempeln und zusammenarbeiten, um die Zukunft der Geschäftswelt zu gestalten.

Die Millennial-Generation (wiederum aus Versehen der Geschichte) nimmt in diesem Prozess eine einzigartige Position ein, nicht als diejenigen, die diesen Übergang definieren oder kontrollieren, sondern als diejenigen, die am natürlichsten verstehen, was zu tun ist. Wenn Sie ein Millennial sind, dann leihen Sie Ihre Stimme für diese Sache. Überfinden Sie die negativen Stereotypen wie »anspruchsvoll« durch und beginnen Sie, Kulturen aufzubauen, die Digital, Klar, Flexibel und Schnell sind. Wenn Sie ein Boomer oder ein Xer sind, suchen Sie nach Möglichkeiten, mit Millennials zusammenzuarbeiten, um eine neue Kultur zu definieren, die mit den Kräften vereinbar ist, die in dem perfekten Sturm zusammenkommen, der das Management verändert.

Wir alle müssen zusammenkommen und diese nächste Ära kreieren, und das erfordert Mut, Überzeugung, Klarheit und vor allem Handeln. Jeder von uns wird einen einzigartigen Weg gehen, aber wir kennen einen Ratschlag, der für alle gilt:

**Fahren Sie fort, bis Sie aufgehalten werden.**

**;-)**

# Danksagung

Ein Buch zu schreiben ist ein Mannschaftssport. Vielen Dank an die folgenden Leute für die wichtige Rollen, die sie spielten:

- Elizabeth Marshall, die uns mit großem Geschick und viel Geduld durch diesen Prozess geführt hat.
- Rohit Bhargava für das Herausfinden, wie Business-Bücher auf die richtige Weise veröffentlicht werden.
- Joe Rominiecki für das außergewöhnliche Editieren.
- Joe Gerstandt, Sandra Giarde, Bryan Kelly, Jason Lauritsen, Amith Nagarajan, Luke Sinclair und John Stepper für die Durchsicht unseres Manuskripts und das tolle Feedback.
- Tim Green und Kelly Vlach vom Face Out Studio für den besten Buchumschlag.
- Rob Kalnitz und das IdeaPress-Team dafür, dass das Buch so gut aussieht.
- Alle Organisationen, die uns erlaubt haben, sie zu interviewen oder als Teil unserer Forschung zu besuchen, insbesondere der American Society for Surgery of the Hand, Back tot he Roots, Happy State Bank, Menlo Innovations und Quality Living, Inc. Speziell Mark Anderson, Nikhil Arora, Arjun Arora, Pat Hickman, Kayla Carpenter, Rich Sheridan, Anna Flynn, Stephanie Roob und Jon Pearson für das Ermöglichen von alldem und dass sie so gut auf uns aufpassten.
- Kare Anderson, Joe Gerstandt und Mary Lange, weil sie die kritischen Konnektoren zu mehreren dieser Fallstudien sind.
- Alle Millennials, die an unserer Online-Umfrage / unserem Online-Interview teilgenommen haben.
- Unsere Freunde und Familie, die all das, was das Schreiben von Büchern so mit sich bringt, ertragen haben, selbst dann, wenn wir eigentlich im Urlaub sein sollten.
- Alle unsere großartigen Kunden bei Culture That Works, die an das glauben, was wir tun, und unsere zukünftigen Kunden, die sich einer

Gemeinschaft anschließen werden, die versteht, warum wir so optimistisch in Bezug auf die Zukunft der Geschäftswelt sind.

Danke euch allen.

:-)

# FREDERICK DODSON BEI FRANZIUS

**»Increase your Energy: Mehr Gesundheit, Erfolg und Glück – Deutsche Erstausgabe« von Frederick Dodson**

Der Schwerpunkt dieses Buches liegt auf der Steigerung der eigenen Energie, des Bewusstseins und der eigenen Gesundheit. Es deckt ein breites Spektrum an Themen ab: von Gewichtsabnahme über das Loslassen von Ängsten und Sucht bis hin zu Glückszuständen und darüber hinaus noch vielen mehr. Hier werden zahlreiche Techniken und Prinzipien offengelegt, die in mehr als dreißig Jahren der Bewusstseinsforschung vom international bekannten Autor und Speaker Frederick Dodson erprobt wurden.

- Erreiche die geistige Entspannung, die Überfluss magnetisch anzieht. - Lerne die Leichtigkeit des Experten, die entspannte Haltung des Milliardärs, die mühelose Ausstrahlung derer, die wissen, dass sie attraktiv sind und die innere Sicherheit derer, die sich in sich selber wohlfühlen.
- Lerne, wie du Furcht und Angst löst.
- Überwinde die Angst vor Zurückweisung, heile das festgefahrene Gefühl von Scham, und Wertlosigkeit und stoppe das Schuldgefühl.
- Lerne die Faktoren kennen, die dein Glücklichsein beeinflussen - und lerne, deine Energiezentren zu aktivieren.
- Lerne die Handlungen zur Selbstermutigung kennen.
- Erfahre, wie du am Morgen frisch und voller Energie sein kannst.
- Lese die Tipps, wie du durch die Veränderung deiner Geisteshaltung nachhaltig abnehmen kannst.
- Finde Antworten auf die Fragen, was dein Leben einzigartig macht und was deine Mission ist

Taschenbuch A5, ca 292 Seiten, ISBN: 978-3-96050-136-7

Aus dem Englischen übersetzt von Petra Liermann

**»Magnetic Wealth Attraction – Sei ein Magnet für Wohlstand, Überfluss und Fülle - Deutsche Erstausgabe«**

Die Regeln des Reichtums sind seit tausenden von Jahren dieselben. Lerne universelle Denkweisen, die deinen finanziellen Überfluss steigern, unabhängig davon, wer du bist und wo du dich befindest.

Du wirst mit diesem Buch lernen, mehr Vertrauen in deine Fähigkeit zu setzen, deinen Mitmenschen einen einzigartigen Dienst zu erweisen. Ebenso wird dir ein umfassendes Wissen über einfache Geschäftsmodelle, die immer funktionieren, sowie die Fähigkeit, passives Einkommen zu generieren, vermittelt. Du kannst dir die Fähigkeit aneignen, deine Glaubensmuster rund um das Thema Geld für einen lebenslangen Geldfluss grundlegend zu ändern.

Taschenbuch A5, ca 144 Seiten, ISBN: 978-3-96050-180-0
Aus dem Englischen übersetzt von Petra Liermann

**Auch als Hörbuch erhältlich!**

Gelesen von Florian Hartnack
Hörbuch CD mit mp3-Dateien
Spieldauer 3h26min
ISBN: 9783948464264 (CD)
Als digitales Download bei den großen Online-Portalen wie beispielsweise audible, Weltbild, deezer, Thalia und BookBeat (und vielen mehr).
ISBN 9783948464257 (Digitaler Download)

**»Handbuch Kommunikation«**

*Wie Sie Ihre Ausstrahlung, Stimme und den Wortschatz verbessern sowie Präsenz, Integrität und Authentizität erlangen*

Die Kunst der Kommunikation und Ihr Selbstvertrauen stehen in direktem Bezug zu dem, was Sie sagen und tun. Alles ist eine Frage des Bewusstseins und des Energieaustauschs.
Dieses Buch behandelt alles, was Sie über Kommunikation wissen wollten, das nicht in akademischen oder Firmenkursen gelehrt wird, weil das Basiswissen Vorstellungen von »Bewusstsein« und »Energie« verwirft.
- Lernen Sie, positive Schwingungen auszusenden und negative zu neutralisieren.
- Lernen Sie öffentlich und frei zu sprechen
- Stärken Sie Ihre Aura und Präsenz.
- Entwickeln Sie Humor und Integrität, um in Ihrer Präsenz spontan und überzeugend zu sein.

Taschenbuch A5, ca 200 Seiten, ISBN: 978-3-96050-223-4
Aus dem Englischen übersetzt von der Franzius Verlag GmbH

**»Mit dem LEADERSHIP-COURSE zu innerer Stärke, Souveränität und positiver Führungskraft«**

Dieses Handbuch fasst alle Lehren aus den verschiedenen Leadership-Workshops von Frederick Dodson zusammen. Es ist mit Sicherheit eines der mächtigsten Handbücher zu Führungsqualität, Einfluss, Souveränität und der Erschaffung der Realität.

Wussten Sie, dass eines der großen Geheimnisse der Führung nicht die Selbstermächtigung, sondern die Ermächtigung anderer ist? Selbst wenn Sie seit Jahrzehnten Bücher über Weiterbildung lesen, wird Sie dieses Buch umhauen. Es enthält neue und überraschende Lektionen, die von der zeitgenössischen Pop- und Motivationspsychologie sowie der New-Age-Literatur ignoriert werden. Es gibt Anleitungen, um Ihren Mut zu maximieren und zu einem Publikumsmagneten zu werden. Dieses Handbuch ist prägnant in kurze Übungen unterteilt, damit Sie sich auf die Anwendung fokussieren können, anstatt sich auf das Lesen zu konzentrieren.

Mithilfe dieses Buches werden Sie in der Lage sein, den ganzen Müll, den Sie gelernt haben, wegzuwerfen und Dinge zu lernen, die Sie nicht über Führung kennen – sondern wie es ist, eine Führungskraft zu SEIN!

Lernen Sie, unter schwierigen Umständen ruhig und ausgeglichen zu bleiben, wie Sie Ihre Beziehungen zu anderen vertiefen und erfahren Sie zweifelsfrei, was Ihr Lebenszweck ist.

Einige der Geheimnisse, die Sie in diesem Handbuch lernen, sind verblüffend, aber werden Ihr Leben für immer verändern.

Taschenbuch A5, ca 96 Seiten

Aus dem Englischen übersetzt von der Franzius Verlag GmbH

ISBN: 978-3-96050-225-8

# WEITERE RATGEBER BEI FRANZIUS

**TOP-NOVITÄT 2022!**

**»Nicht offensichtliche Megatrends – Wie man erkennt, was andere übersehen, und die Zukunft vorhersagt«**
Deutsche Erstausgabe des Titels »Non Obvious Megatrends: How to See What Others Miss and Predict the Future«
Von Rohit Bhargava
Aus dem Englischen übersetzt von der FRANZIUS Verlag GmbH
A5-Format, ca 300 Seiten
ISBN 978-3-96050-198-5 (Hardcover)
ISBN 978-3-96050-091-9 (Softcover)

Rohit Bhargava ist ein Innovations- und Marketingexperte und der Gründer der Non-Obvious Company. Er verbrachte 15 Jahre als Marketingstratege für Ogilvy und Leo Burnett, ist der Bestsellerautor des Wall Street Journal für sechs Geschäftsbücher und unterrichtet Marketing und Innovation an der Georgetown University.

In den letzten zehn Jahren hat Rohit Bhargavas jährlicher Non-Obvious Trend Report dazu beigetragen, dass über eine Million Leser mehr als 100 Trends entdeckt haben, die unsere Kultur derzeit prägen. Was wäre, wenn auch Sie die Trends vorhersagen könnten, die Ihr Geschäft verändern können?

Diese Sonderausgabe (zum 10-jährigen Jubiläum) bietet einen beispiellosen Blick hinter die Kulissen der Heuhaufen-Methode des Autors, um Trends zu identifizieren und zu lernen, wie Sie Trends selbst kuratieren und vorhersagen können. Sie müssen kein Futurist oder Innovator sein, um zu lernen, wie man wie einer denkt.

Der Schlüssel zum Wachstum Ihres Unternehmens oder zur Förderung Ihrer Karriere in den nächsten zehn Jahren liegt im besseren Verständnis der Gegenwart. Die Zukunft gehört den nicht offensichtlichen Denkern und dieses Buch ist Ihr Leitfaden, um einer zu werden.

Der Autor beschreibt in seinem Buch nicht nur die Trends, sondern auch **die gesellschaftlichen Auswirkungen** sowie die Herausforderungen, die an die Unternehmen und die Mitarbeiter gestellt werden. Und er gibt einen Leitfaden an die Hand, wie Sie auf darauf reagieren und selbst neue Trends entdecken können, bevor andere es tun. Diese Jubiläumsausgabe hat es in sich:

- Der Autor gewährt einen Einblick in die Methodik, die auch für Laien sehr gut nachvollziehbar ist.
- Es warten **10 MEGA-Trends** auf den Leser, die kaum spannender sein könnten.
- Ein Rückblick führt **alle Trends der letzten 10 Jahre** auf und gibt eine Bewertung, wie gut sich die Trendvorhersagen über die Jahre bewährt haben.
- Ein Vorwort über Covid-19 rundet das Bild ab. Denn diese Zeit hat einige der Trends beschleunigt.

Die englische Originalausgabe war **Finalist** bei den "**International Book Awards**" und den "**National Indie Excellence Awards 2019**" und schaffte es auf die Bestseller-Liste der "Washington Post".

**»30 Tage, um eine Katze zu werden« von Stéphane Garnier**
*Mein Übungsbuch, um mich weiterzuentwickeln und zu erstrahlen*

»Es ist entschieden, morgen bin ich eine Katze.«

Was wäre, wenn wir zustimmen würden, unseren menschlichen Zustand in Frage zu stellen, um uns – sanft aber überzeugend – katzenhafter zu verhalten? Denn die Katze hat alles verstanden: Sie ist frei, ruhig, aufmerksam, vorsichtig, elegant, charismatisch, unabhängig, stolz, autonom ... So viele beneidenswerte Eigenschaften, die Sie leicht entwickeln können, indem Sie sich täglich von ihr inspirieren lassen.

Dies ist ein praktisches und humorvolles Notizbuch, um uns in die Lage unserer Katzen zu versetzen und unsere Augen für die manchmal sehr oberflächliche Natur unserer eigenen menschlichen Aktivitäten zu öffnen.

ZAHLREICHE PRAKTISCHE ÜBUNGEN, UM DIE LEBENSART DER KATZE ZU BEOBACHTEN, ZU ERWERBEN, VERÄNDERUNGEN ZU AKZEPTIEREN – UM ZU ERSTAHLEN!

Unfassbar schöne Illustration auf jeder Seite runden dieses Werk ab und machen es zu einem Meisterwerk der Lebenskunst.

Wie Stéphane Garnier, Autor des Bestsellers »Acting and Thinking Like a Cat«, schreibt: »Wir wissen: Katzen haben immer Recht!«

Hardcover A5, ca 264 Seiten, ISBN: 978-3-96050-228-9

**»200 Ratgeber oder dieser« von Dr. Florian Hartnack**

*Die Essenz aus über 200 Ratgeber-Bestsellern zu den Themen: Glück, Gelassenheit, Gesundheit, Schlaf, Ernährung, Stress, Bewegung, Zeitmanagement, Kommunikation, Beziehungen, Erziehung und Finanzen. Mit Literaturtipps!*
Ihr WEG zu GLÜCK, GESUNDHEIT und ERFOLG beginnt HIERMIT!

Es existieren hunderte Ratgeber mit Tipps für ein gesundes, erfolgreiches und glückliches Leben. Doch welche Tipps sind wirklich neu und relevant? Welche Hinweise sind essenziell? Und muss man wirklich viele Ratgeber lesen? Oder nur diesen einen?

Der Lehrer und Wissenschaftler Dr. Florian Hartnack hat über Jahre hinweg viele erfolgreiche Ratgeber analysiert und die Tipps selbst ausprobiert. In diesem Buch fasst er die Kernaussagen aus über 200 Ratgebern zusammen:

- Gelassenheit und Glück durch Achtsamkeit und Meditation
- Gesundheit: Ernährung, Bewegung, Stressbewältigung und Schlaf
- Erfolg: Effektives Zeitmanagement, Kommunikation und Kompetenz
- Erziehung und Beziehungen: Elternschaft, Liebe, Partnerschaft
- Finanzen: Schritt für Schritt-Anleitung zum finanziellen Erfolg

Dieser Ratgeber enthält geballtes Wissen für alle Lebensbereiche – verständlich geschrieben und sofort umsetzbar.
Selbstverständlich befinden sich im Anhang ein umfangreicher Quellennachweis und weitere Literaturtipps zum Vertiefen der Kenntnisse.
Nehmen Sie Ihr Leben mit Leichtigkeit selber in die Hand. Optimieren Sie sich selber! Und sparen dabei Zeit.
Hardcover A5, ca 200 Seiten ISBN: 978-3-96050-218-0
Softcover A5, ca 200 Seiten, ISBN: 978-3-96050-217-3

**»Enneagramm und Hochsensibilität - Die neun Persönlichkeitstypen und ihr Entwicklungspotenzial« von Dr. Marianne Skarics**

Das Enneagramm ist ein sehr altes System zur Selbstfindung und zum besseren Verständnis unserer Persönlichkeitsmuster. Es unterscheidet neun grundlegende Charaktertypen und zahlreiche Untertypen. Doch das Enneagramm beschreibt die Persönlichkeitstypen nicht nur, sondern es erklärt, warum wir sind wie wir sind. Es deckt also unsere Motive, Ängste, Grundbedürfnisse und Abwehrmechanismen auf und veranschaulicht unsere Entwicklungsmöglichkeiten.

Dem eigenen Enneagrammtyp samt Untertyp auf die Spur zu kommen, bedeutet daher auch, sich selbst und seine Problembereiche besser zu verstehen sowie Wege zur optimalen Entfaltung der Persönlichkeit und des eigenen Potenzials zu erkennen. Frau Dr. Skarics stellt in diesem Buch das Enneagramm in seiner ganzen Tiefe und Komplexität umfangreich vor, und sie verbindet erstmals dessen neun Persönlichkeitstypen mit der Thematik der Hochsensibilität. Anhand des Enneagramms können die Unterschiede zwischen Hochsensiblen beschrieben und die verschiedenen Ausprägungsarten von Hochsensibilität auf anschauliche Weise erklärt werden. Dadurch ist es möglich, die eigene ganz spezielle Form der Hochsensibilität weitaus tiefgreifender zu verstehen. Zugleich bedeutet dies eine Erweiterung des Enneagrammwissens um die Dimension der Hochsensibilität.

Ein Buch, das viele Aha-Momente beschert und Möglichkeiten zur optimalen Persönlichkeitsentfaltung aufzeigt. Mit zahlreichen Tipps und Übungen für alle Enneagrammtypen sowie Zusatzübungen für die hochsensiblen Vertreter aller Typen stellt es eine wertvolle praktische Lebenshilfe und Anregung zu persönlichem Wachstum dar.

Dr. Marianne Skarics studierte Publizistik- und Kommunikationswissenschaft, Soziologie, Philosophie und Pädagogik an der Universität Wien. Sie ist HSP-Expertin der ersten Stunde und beschäftigt sich seit 20 Jahren mit dem Enneagramm. Drei Bücher sind bereits von ihr erschienen, darunter das sehr erfolgreiche Buch »Sensibel kompetent - Zart besaitet und erfolgreich im Beruf«.

ca 340 Seiten, A5 Format

Softcover ISBN: 978-3-96050-170-1, Hardcover ISBN: 978-3-96050-215-9

**»Entzündungen natürlich behandeln – Die grüne Taschenapotheke«**
Von Prof. Dr. Nadine Berling

Entzündungen haben verschiedene Gesichter: Sie zeigen sich je nach Ursache lokal begrenzt oder systemisch, akut oder still. Sie können sich von Außen nach Innen heraus äußern oder umgekehrt. Ihre Ursachen reichen von Verletzungen, über Virusinfektionen bis hin zu Allergien und Autoimmunerkrankungen. Entzündungshemmende Naturheilverfahren und Heilpflanzen können den Körper vor Entzündungen schützen oder sie können innere und äußere Brände abmildern. Der Ratgeber "Entzündungen natürlich behandeln" richtet sich an betroffene Laien und Hobby-Heilpflanzenkundler*Innen, die erfahren möchten, was sie bei verschiedensten Entzündungen selber tun können.
Prof. Dr. Nadine Berling verbindet Ernährungswissenschaften, Medizin und Phytopharmazie. Sie ist Ökotrophologin und promovierte über Heilpflanzen in theoretischer Medizin. Heute arbeitet sie als Autorin und als Ernährungstherapeutin mit Krankenkassenzulassung. Das Thema Entzündung im ganzheitlichen Kontext fasziniert sie schon seit ihrer ersten Berufsausbildung in einer Apotheke.
A5 Format, ca 132 Seiten, mit 24 schwarz-weiß Fotos
Softcover ISBN: 978-3-96050-210-4, Hardcover ISBN: 978-3-96050-203-6

**»Grenzenlos – Wie man seine Berufung findet und mit drei weiteren essentiellen Faktoren die individuelle Balance schafft, um im völligen Einklang mit dem eigenen Leben zu sein«** von Laura Gassner Otting (Deutsche Erstausgabe)

Was ist, wenn der Erfolg kein Glück bringt?

Viele von uns verbringen ihr Leben damit, einer einzigartigen Idee des Erfolgs hinterher zu jagen, die für uns von jemand Anderem geschaffen wurde. Wir schenken jenen Gehör, die nicht wirklich Ahnung haben und streben danach, immer effektiver zu werden, selbst wenn wir dadurch immer weiter zurückfallen. Wir jagen goldene Sterne, wir überprüfen alle Checklisten, wir folgen dem gängigen Trend – doch wir fühlen uns immer noch unvollständig.

Dies ist keine Geschichte über das Scheitern, doch es könnte eine sein. Wenn wir Erfolg nicht in unseren eigenen Begriffen definieren, wird es unmöglich, unseren Daseinszweck zu finden und unseren eigenen Weg zu beschreiten.

Wie können Sie den Kreislauf durchbrechen, um bei der Arbeit effektiver und im Leben zufriedener zu werden? In »Grenzenlos« zeigt Ihnen Laura Gassner Otting, wie Sie die Regeln, die Ihre Grenzen geschaffen haben, ignorieren, wie Sie Ihre Energien und Handlungen aufeinander abstimmen und Arbeiten ausführen, die wirklich wichtig sind, damit Sie ein für sich selber optimales Leben führen können.

Wenn Sie jemals davon geträumt haben, Ihr eigenes persönliches Ziel zu entdecken und zu ihm durchzustoßen, einem Ziel, welches so groß und beängstigend ist, dass Sie bisher nur davon träumen konnten, dann ist dieses Buch die bisher unbekannte Erlaubnis, wie sie entdecken und erreichen, was nur Sie erreichen können.

ca 150 Seiten

Aus dem Englischen übersetzt von der FRANZIUS Verlag GmbH

Hardcover A5, ISBN: 978-3-96050-197-8

Softcover A5, ISBN: 978-3-96050-192-3

**»Verschenke deine Zeit sinnvoll – Die Kunst, Zeit bewusst in das zu investieren, was dich erfüllt«**

von Regula Meile

Hast du den Eindruck, nie genügend Zeit für die Dinge zu haben, die dir wichtig sind? Hast du oft das Gefühl, das Leben zieht an dir vorbei? Sehnst du dich danach, dein Leben mehr nach deinen Vorstellungen zu gestalten, anstatt ständig zu versuchen, allen Erwartungen gerecht zu werden? Den Erwartungen der Gesellschaft, deines sozialen Umfeldes und den Erwartungen, die du selbst an dich stellst?

Dieses Buch hilft dir dabei, die "Stopp-Taste" zu drücken, Automatismen zu hinterfragen, eine neue Perspektive einzunehmen und die Veränderungen anzugehen, die es braucht, damit du am Ende deines Lebens nicht voller Reue lediglich auf ungelebte Träume, unrealisierte Projekte und ungepflegte Beziehungen zurückblickst.

Die Autorin zeigt anschaulich und einfühlsam, mit Inspirationen und einfachen Übungen neue Wege auf, die Zeit und Aufmerksamkeit in lebendige Beziehungen und jene Projekte zu investieren, die wirklich zählen. Bist du bereit?

A5 Format, ca 276 Seiten

Hardcover ISBN: 978-3-96050-233-3

**»Das Handbuch der ketogenen Ernährung«**
von Fabrizio P. Calderaro
Taschenbuch, ca. 220 Seiten, ISBN: 978-3-96050-071-1

**»KETOGA - Ketogene Ernährung und Yoga«**
von Fabrizio P. Calderaro
Taschenbuch, ca. 348 Seiten, ISBN: 978-3-96050-120-6

**»Elternratgeber«**
von Yngra Wieland
*Kinder selbstbewusst begleiten –*
*Wie Eltern die »Copy-Paste-Falle« vermeiden*
Taschenbuch, ca. 209 Seiten, ISBN: 978-3-96050-017-9

**»Weiblichkeit leben«**
von Petra Liermann
*Zurück in die Steinzeit oder vorwärts in ein neues Leben*
Taschenbuch, ca. 116 Seiten, ISBN: 978-3-96050-067-4

**»Eine Seele in zwei Körpern«**
von Petra Liermann
*Der Weg der Dualseelen in eine glückliche Beziehung*
Taschenbuch, ca 230 Seiten, ISBN: 978-3-96050-118-3

**»Eine glückliche Seele in zwei Körpern«**
von Petra Liermann
*Dualseele 2.0*
Taschenbuch, ca 108 Seiten, ISBN: 978-3-96050-178-7

## Novitäten 2021 / 2022 im Franzius Verlag

<u>Romane</u>

**»Blutspur 629«, Band 3 der »Rich & Mysterious«-Reihe**
Krimi von Neal Skye, ISBN 978-3-96050-214-2

**»Shitstorm – Ein Edda Valby Krimi«**
Schweden-Krimi von Neal Skye, ISBN 978-3-96050-232-6
Erscheint voraussichtlich im Mai 2022

**»Die Siegel Asinjas Teil 3: Die Macht der Dämonen«**
Fantasy-Roman / Young Adult von Andi LaPatt
ISBN 978-3-96050-212-8

**»Fette Sau – Ich bin gegen Mobbing, und Du?«**
Roman von Christiane Kromp, ISBN 978-3-96050-201-2

**»Nachbeben –**
**Oder gehört das ganze Leben in die Änderungsschneiderei?«**
Roman von Sybille Statz, ISBN 978-3-96050-192-2

**»Endstation Himmel«**
Roman von Angelika Lorenz, ISBN 978-3-96050-186-2

<u>Kinder- und Jugendbücher</u>

**»Acello und das alte Museum«**
Band 5 der »Acello«-Reihe
Von Mirjam Wyser, ISBN 978-3-96050-220-3

**»Die Kristallkinder und die Suche nach dem Gralskelch«**
Band 4 der »Kristallkinder«-Reihe
(mit 12 ganzseitigen Illustrationen von Gabriele Merl)
Von Mirjam Wyser, ISBN 978-3-96050-227-2